W0259278

ISBN 978-3-662-23108-1 ISBN 978-3-662-25076-1 (eBook)
DOI 10.1007/978-3-662-25076-1

Sonderdruck aus
Ergebnisse der exakten Naturwissenschaften, Band XXXIII (1961)

Springer-Verlag Berlin Heidelberg

Röntgenographische Untersuchungen von Gitterstörungen in Mischkristallen

Von

V. Gerold

Mit 37 Abbildungen

Inhaltsverzeichnis

1. Einleitung

Durch Jahrzehnte hindurch diente die Röntgenstrahlung zur Erforschung der periodischen Gitterstruktur, und sie wird weiterhin mit Erfolg benutzt, unbekannte Strukturen aufzuklären. Neben dem Studium der Kristallstruktur hat in den letzten Jahren die Erforschung der Störung des periodischen Gitteraufbaus zunehmend an Bedeutung gewonnen. In diesem Bericht soll nun nicht der Nachweis von Gitterfehlstellen, wie Leerstellen, Versetzungen usw., beschrieben werden. Vielmehr soll die Untersuchung von Störungen behandelt werden, die für den Mischkristall von Metallegierungen charakteristisch sind. Solche Störungen der periodischen Kristallstruktur werden durch die Atomverteilung der verschiedenen Legierungspartner im Kristallgitter hervorgerufen. Infolge der unterschiedlichen Atomgröße wird das Gitter in jedem Mischkristall mehr oder weniger stark verzerrt.

Jede Störung des periodischen Gitteraufbaus liefert auf einem Röntgen-Beugungsdiagramm einen Intensitätsbeitrag außerhalb der scharfen Bragg-Reflexe. Die zu beschreibenden Untersuchungen beschäftigen sich daher mit diesem Streuuntergrund, dessen Analyse Aufschluß über die genannten Störungen geben kann. Da auch die Gitterschwingungen der Atome einen wesentlichen Beitrag zum Streuuntergrund geben (sog. Temperaturstreuung), wird auch dieser kurz gestreift.

Bei den Mischkristallen lassen sich zwei thermodynamisch verschiedene Zustände unterscheiden:

a) Der ungesättigte Mischkristall, der thermodynamisch bei der Untersuchungstemperatur im Gleichgewicht und daher stabil ist. Da in den meisten Fällen der stabile Mischkristall nur bei erhöhten Temperaturen gefunden wird, müssen solche Untersuchungen bei diesen Temperaturen stattfinden.

b) der übersättigte Mischkristall, der aus dem ungesättigten Mischkristall durch rasches Abschrecken auf tiefe Temperaturen (normalerweise genügt die Raumtemperatur) entsteht. Er ist thermodynamisch instabil und ändert daher seinen Zustand in Abhängigkeit von der Auslagerungstemperatur und der Zeit.

Über die Röntgenuntersuchungen an ungesättigten Mischkristallen liegt ein zusammenfassender Bericht von WARREN und AVERBACH (*96*) vor. Danach lassen sich aus einem Beugungsdiagramm Aussagen über die Atomverteilung (Nahordnung) sowie über die durch die unterschiedliche Atomgröße hervorgerufenen Gitterverzerrungen (Atomgrößen-Effekt) machen. In der Zwischenzeit sind eine Reihe von Arbeiten auf diesem Gebiet erschienen, die u. a. auch die Theorie der Beugungserscheinungen vervollständigt haben, so daß hier eine geschlossene Darstellung aller Streueffekte und ihrer physikalischen Aussagen gegeben werden kann.

Von den instabilen Mischkristallen werden vor allem solche Legierungen behandelt, die im stabilen Zustand zweiphasig sind, also entweder eine Mischungslücke besitzen oder eine zweite Phase aus dem Mischkristallgitter ausgeschieden haben. Unmittelbar nach dem Abschrecken zeigen die übersättigten Mischkristalle oft schon eine andere Atomverteilung als davor. Diese Abweichungen werden mit fortschreitender Auslagerung in einem geeigneten Temperaturintervall immer größer. Es bildet sich ein Zustand aus, der am besten mit „Entmischung" bezeichnet wird (pre-precipitation state in der englischen Literatur). Die entmischten Bereiche befinden sich noch in dem ursprünglichen Gitterverband des Mischkristalls, der infolge von unterschiedlichen Gitterkonstanten in den verschiedenen Bereichen elastisch verzerrt worden ist, jedoch *keine* plastische Deformation erfahren hat. Solch ein Entmischungsbereich ist in Abb. 1a dargestellt. Im Gegensatz dazu stehen andere Bereiche, bei denen zumindest eine Grenzfläche zum Mischkristall sozusagen plastisch deformiert ist, wie es Abb. 1 b zeigt. Solche Gebilde werden als „kohärente Ausscheidung" bezeichnet und sollen hier nicht behandelt werden.

Die Entmischungsstrukturen sind in einem größeren Bericht über Ausscheidungsvorgänge von HARDY und HEAL (*54*) erwähnt. In jüngster Zeit hat GUINIER (*51*) einen Überblick über Störungen im Mischkristallgitter gegeben, in dem die Entmischungsstrukturen einen breiten Raum einnehmen. Von diesen Übersichten unterscheidet sich unser Bericht dadurch, daß der Theorie der Beugungserscheinungen mehr Raum gegeben

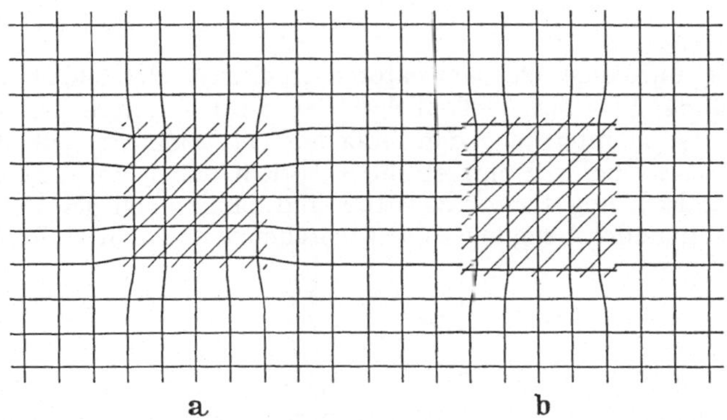

Abb. 1. Schematische Darstellung. a) der kohärenten Entmischung: Das Gitter ist elastisch verzerrt, kein Aufreißen von Netzebenen; b) der kohärenten Ausscheidung. Das Gitter ist mindestens in einer Richtung plastisch verzerrt, die Netzebenen sind aufgerissen

wird. Es sollen vor allem die Zusammenhänge zwischen Atomverteilung und Gitterverzerrung einerseits und Beugungserscheinungen andererseits hervorgehoben werden, um das Verständnis für die Auswertung der Röntgenbilder zu erleichtern.

Die Röntgenaufnahmen ergeben oft keine eindeutige Aussagen über die Atomverteilung im Mischkristall. Man kann vielfach nur statistische Aussagen erhalten, z. B. wieviel Atompaare der Sorte A einen bestimmten Abstandsvektor voneinander haben. Bei den Entmischungskomplexen kann meist nur eine idealisierte Struktur angegeben werden, ohne daß es möglich ist, die Abweichungen der tatsächlichen Strukturen von diesem Modell genauer anzugeben. Oft werden auch von verschiedenen Autoren verschiedene Modelle für die gleiche Struktur angegeben, ohne daß es möglich ist, auf Grund der Röntgenaufnahme das richtige Modell herauszufinden. Trotz dieser Mängel geben die Röntgenuntersuchungen wertvolle Einblicke in das Verhalten von Mischkristallen, die mit keiner anderen Methode so vollständig zu erhalten sind.

2. Experimentelle Anordnungen zur Untersuchung des Streuuntergrundes

In allen Fällen handelt es sich um die experimentelle Bestimmung der Intensitätsverteilung außerhalb der Bragg-Reflexe des Kristallgitters. So wie die Reflexe durch die Koordinaten des sog. reziproken Gitters beschrieben werden (die Richtung seiner Gitterpunkte vom Ursprung wird durch die Richtung der Netzebenennormalen bestimmt, ihr Abstand durch den Reziprokwert des Netzebenenabstandes d), lassen sich auch die diffusen Beugungserscheinungen außerhalb der Reflexe in diesen Koordinaten beschreiben. Der Einfachheit halber spricht man von der Intensitätsverteilung im reziproken Raum. Der Ortsvektor $\mathfrak{h}$ in diesem Raum (kurz der rez. Gittervektor genannt) hängt mit den experimentellen Daten der Aufnahmeanordnung zusammen durch die Beziehung

$$\mathfrak{h} = \frac{\mathfrak{s} - \mathfrak{s}_0}{\lambda}. \tag{2.1}$$

Hier sind $\mathfrak{s}_0$ und $\mathfrak{s}$ die Richtungsvektoren der einfallenden und der gebeugten Strahlung, λ ist ihre Wellenlänge. Der rez. Gitterraum ist mit dem Realraum der zu untersuchenden Probe fest verbunden zu denken. Einer Drehung der Probe im Primärstrahl entspricht daher eine Drehung der Primärstrahlrichtung $\mathfrak{s}_0$ im rez. Gitter und damit auch des Vektors $\mathfrak{h}$. Bezeichnet man den Beugungswinkel zwischen $\mathfrak{s}_0$ und $\mathfrak{s}$ mit $2\,\Theta$, so findet man

$$|\mathfrak{h}| = \frac{2 \sin \Theta}{\lambda}. \tag{2.2}$$

An den Stellen, wo $\mathfrak{h}$ der Ortsvektor eines Gitterpunktes des rez. Gitters ist, geht Gl. (2.2) in die wohlbekannte Braggsche Gleichung über:

$$\lambda = 2d \sin \Theta, \tag{2.3}$$

die die Bedingung darstellt für die Entstehung eines intensiven Reflexes. In allen anderen Fällen ergibt sich eine schwache Beugungserscheinung, deren experimenteller Ermittlung wir uns jetzt zuwenden.

Bei Zählrohrmessungen bestimmen Lage der Probe und Stellung des Zählrohres zum Primärstrahl den Vektor $\mathfrak{h}$. Benutzt man zur Aufnahme einen Film, so hat man bei Verwendung eines stehenden Einkristalls eine Einfallsrichtung $\mathfrak{s}_0$ und verschiedene Beobachtungsrichtungen $\mathfrak{s}$ auf dem Film. Die so erhaltene Filmschwärzung kann man der Intensitätsverteilung auf einem Teil einer Kugeloberfläche im rez. Gitterraum, der Ewaldschen Ausbreitungskugel, zuordnen (Abb. 2). Um einen größeren Bereich dieses Raumes mit einer Aufnahme zu erfassen, schwenkt man den Kristall um einen Winkelbetrag hin und her (Schwenkaufnahme), wobei die Schwenkachse normalerweise senkrecht zur Einfallsrichtung $\mathfrak{s}_0$ steht (Abb. 3). Damit nimmt man jedoch eine Unsicherheit in der Lagebestimmung einer beobachteten Intensitätserscheinung im rez. Gitterraum in Kauf.

Die Darstellungen in den Abb. 2 und 3 sind gezeichnet für den Fall, daß die Röntgenstrahlung eine einzige Wellenlänge λ besitzt. Eine Röntgenröhre gibt jedoch mehrere intensive charakteristische Strahlungen mit jeweils bestimmter Wellenlänge sowie ein kontinuierliches Spektrum ab. Will man genaue Aussagen über die Intensitätsverteilung im rez. Gitterraum machen, so muß man die Röntgenstrahlung monochromatisieren, bevor sie auf die zu untersuchende Probe trifft. Hierzu werden Kristallmonochromatoren verwendet. Sie sind so eingestellt, daß sie entsprechend der Braggschen Gleichung nur die intensivste charakteristische Strahlung der Röhre reflektieren.

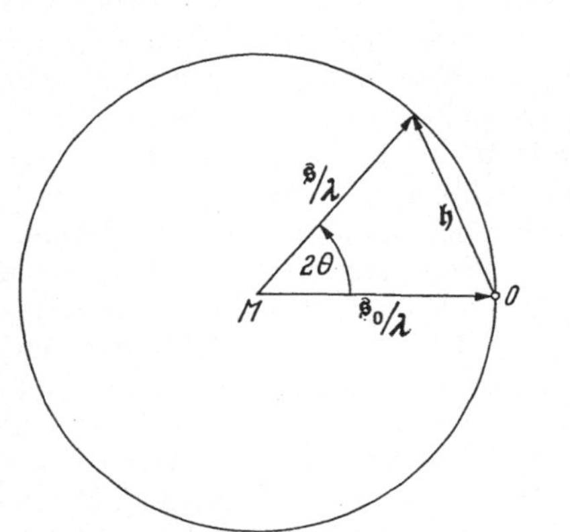

Abb. 2. Äquatorialschnitt durch die Ewaldsche Ausbreitungskugel im reziproken Gitterraum. Die Kugel tangiert den Ursprung O des Gitterraumes. Ihre Lage ist durch die Richtung von $MO = \mathfrak{s}_0/\lambda$ festgelegt des Kristalls

Abb. 3. Der von der Kugeloberfläche überstrichene Raum des reziproken Gitters bei Einkristall-Schwenkaufnahmen (Äquatorialschnitt). ω = Schwenkwinkel

Da bei dieser Monochromatisierung viel Strahlungsintensität verlorengeht, sucht man den Verlust durch fokussierende Anordnungen wieder auszugleichen. Sie lassen die Ausnutzung eines breiteren Primärstrahl-

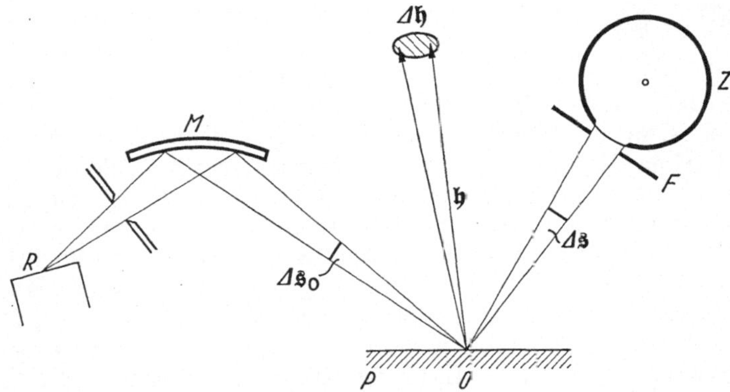

Abb. 4. Versuchsanordnung bei Verwendung eines Zählrohrgoniometers. R = Röntgenröhre, M = Monochromator, P = Präparatoberfläche, F = Zählrohrspalt, Z = Zählrohr. Neben der Versuchsanordnung ist noch der reziproke Gitterraum des Kristalls P gezeichnet. O = Ursprung des reziproken Gitterraumes, $\mathfrak{h}$ = reziproker Gittervektor des Meßpunktes, $\Delta\mathfrak{s}_0$, $\Delta\mathfrak{s}$ = Divergenzwinkel von Einstrahl- und Beobachtungsrichtung. $\Delta\mathfrak{h}$ = daraus resultierende Größe des Meßpunktes im reziproken Gitterraum

bündels zu, ohne daß dabei die Meßgenauigkeit des Beugungswinkels verloren geht. Solche Anordnungen lassen sich bei der Verwendung von Kristallmonochromatoren nach dem Prinzip von JOHANSSON *(66)* herstellen.

Die Kristalle sind dabei so angeschliffen und gebogen, daß sie bei richtiger Anordnung ein konvergentes monochromatisches Strahlungsbündel reflektieren, das in einem bestimmten Abstand von etwa 100 bis 200 mm vom Monochromator in eine Linie fokussiert wird.

Bei der Untersuchung von ungesättigten Mischkristallen handelt es sich um die Messung sehr schwacher Intensitäten, deren Änderung mit dem Streuwinkel relativ langsam erfolgt. Man benötigt dazu einen sehr intensiven Primärstrahl, bei dem es nicht so sehr auf eine exakte Fokussierung ankommt. Zu quantitativen Messungen nimmt man vorzugsweise ein Zählrohrgoniometer. Abb. 4 zeigt die Versuchsanordnung. Den Raumwinkel der Strahlenbündel wählt man in der Größenordnung von $1° \times 1°$. Um die Primärintensität noch zu erhöhen, haben WARREN uud Mitarb. Monochromatoren entwickelt, die eine Bündelung des Strahles in zwei senkrecht zueinander stehenden Richtungen möglich machen (*11*, *95*). Der von CHIPMAN (*11*) gebaute Monochromator hat eine maximale Winkeldivergenz von 3°, der bei Verwendung von Kupferstrahlung ein Auflösungsvermögen von $\Delta h = 0{,}034$ Å^{-1} entspricht. Dieser Monochromator liefert die 20 fache Intensität wie ein einfach fokussierender mit gleichem Auflösungsvermögen.

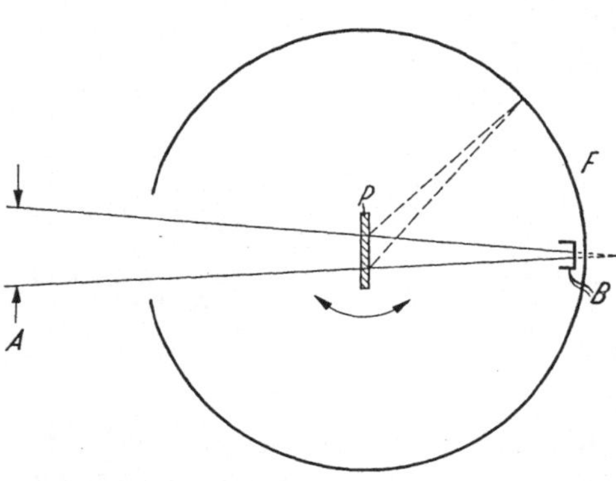

Abb. 5. Versuchsanordnung bei Einkristallschwenkaufnahmen mit Film. A = Austrittsblende des fokussierenden Monochromators; P = dünnes Einkristallplättchen, Schwenkachse senkrecht zur Zeichenebene; B = Primärstrahlfänger; F = Filmzylinder

Bei der Untersuchung an übersättigten Mischkristallen handelt es sich vor allem um genaue Lagebestimmungen mehr lokalisierter Intensitätsmaxima. Man möchte hier ein möglichst scharfes Bild der Intensitätsverteilung erhalten. Hierzu benutzt man eine Versuchsanordnung, bei der in einer Richtung eine scharfe Fokussierung der Intensitätsverteilung erreicht wird. In den Fällen, wo die Absorption im Präparat nicht zu groß ist, hat sich die Anordnung von Abb. 5 bewährt. Man verwendet einen dünnen, plättchenförmigen Einkristall, der von einem fokussierten Bündel durchstrahlt wird. Für nicht zu große Beugungswinkel erhält man auf dem Film z. B. für die Kristallreflexe scharfe Striche von 2 bis 3 mm Länge.

Vielfach ist es auch notwendig, den Intensitätsraum bei kleinen Beugungswinkeln aufzunehmen (Kleinwinkelstreuung). Da hier, wie die folgenden Kapitel zeigen, die Streuung nur von der Atomanordnung, nicht jedoch von Gitterdeformationen hervorgerufen werden kann, eignet sich diese Methode vor allem zur Trennung der sich sonst überlagernden Einflüsse. Bei solchen Untersuchungen muß man den Primärstrahl sehr sorgfältig ausblenden, um die in diesem Winkelbereich auftretende sekundäre Streustrahlung des Monochromators zu beseitigen. Man erreicht dabei um so kleinere Winkel, je feiner der Primärstrahl ausgeblendet wird. Ein Vordringen zu kleinen Winkeln hin ist also gleichzeitig mit einem Intensitätsverlust der Primärstrahlung verbunden. Vielfach genügt es, den Winkelbereich bis zu 0,5° zu erfassen. Abb. 6 zeigt die prinzipielle Anordnung einer Kleinwinkel-Filmkammer.

Für quantitative Messungen haben sich auch hier Zählrohrmethoden bewährt. Da im Kleinwinkelbereich der Anteil der gestreuten Bremsstrahlung wesentlich kleiner ist als bei großen Winkeln, lassen sich diese Untersuchungen auch ohne Monochromator durchführen. Eine gewisse Monochromatisierung wird durch einen geeigneten Strahlungsdetektor erreicht. Man verwendet z. B. ein Proportionalzählrohr, dessen Zählimpulse eine Höhe haben, die proportional zur Energie des absorbierten Strahlenquants ist. Es werden nur die Impulse eines bestimmten Höhenintervalls gezählt, dem die zu messende charakteristische Röntgenstrahlung entspricht. Die Monochromatisierung ist nicht so vollständig wie bei der Verwendung von Kristallmonochromatoren, doch hat man eine wesentlich höhere Strahlenausbeute. Abb. 7 zeigt die prinzipielle Anordnung. An Stelle der beiden Eintrittsspalten B_1 und B_2 kann man auch eine

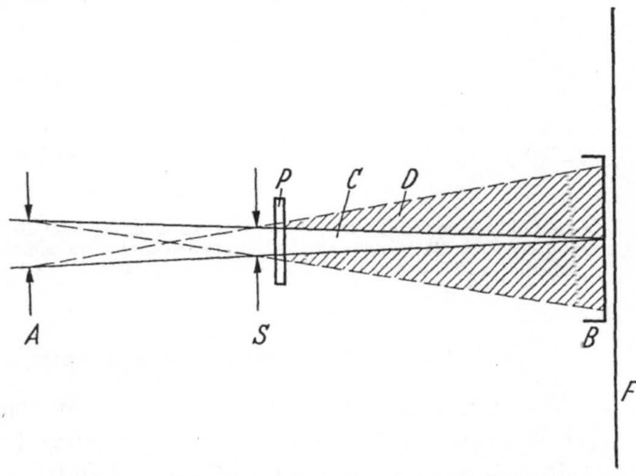

Abb. 6. Versuchsanordnung zur Messung der Kleinwinkelstreuung. A = Austrittsblende des fokussierenden Monochromators; S = Streustrahlenblende; P = Präparat; B = Primär- und Streustrahlempfänger F = Filmebene; C = fokussiertes Primärstrahlbündel; D = Bereich der aus dem Monochromator austretenden und durch die Streustrahlenblende nicht abgefangenen Streustrahlung. Die Querdimensionen sind stark vergrößert gezeichnet

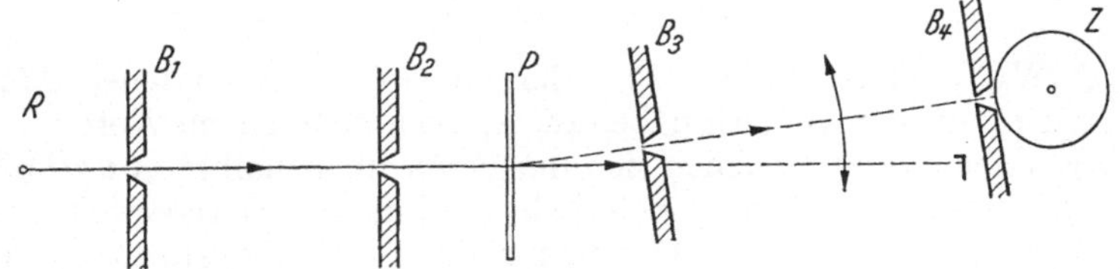

Abb. 7. Schematischer Aufbau einer Zählrohrapparatur zur Messung der Kleinwinkelstreuung. R = Röhrenbrennfleck (strichförmig senkrecht zur Zeichenebene); B_1, B_2 = Blendensystem zur Primärstrahlbegrenzung P = Präparat (dünne Folie); B_3 = Streustrahlenblende; B_4 = Zählrohrblende; Z = Zählrohr

Kammer nach KRATKY (*67*) verwenden. Der Spalt B_3 verringert den Anteil der in das Zählrohr eintretenden Luftstreuung.

Bei der Untersuchung des Streuuntergrundes vielkristalliner Proben verwendet man z. B. die Filmanordnung nach GUINIER (*43*), wie sie

Abb. 8 zeigt. Die Streustrahlung jedes beliebigen Streuwinkels wird auf dem Film fokussiert und gibt daher scharfe Beugungsbilder bei nicht zu langer Belichtungszeit.

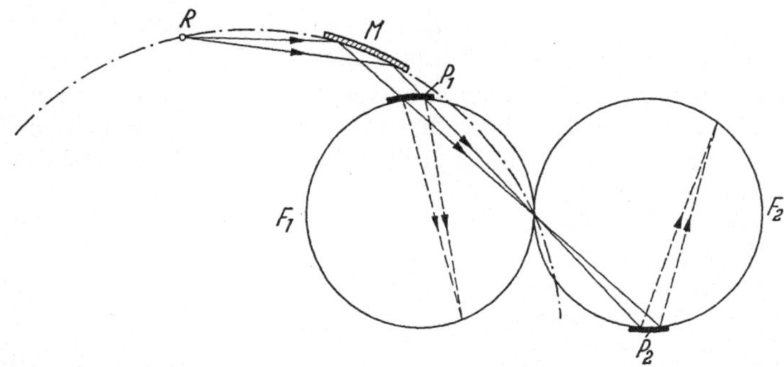

Abb. 8. Fokussierende Filmkammer für Pulveraufnahmen nach GUINIER. R = Röhrenbrennfleck; M = Monochromator; P_1 = flächenförmiges Präparat für Durchstrahlaufnahmen; F_1 = Filmzylinder für Durchstrahlaufnahmen ($2\,\Theta < 120°$); P_2, F_2 = Präparat und Filmzylinder für Rückstrahlaufnahmen ($2\,\Theta > 60°$)

3. Allgemeines zur Röntgenstreuung von Kristallen

Zu Beginn dieses Abschnittes sollen die wichtigsten Größen zusammengestellt werden, die in den folgenden Ausführungen immer wiederkehren.

Ein Kristallgitter ist definiert durch die drei Gittervektoren $\mathfrak{a}_1$, $\mathfrak{a}_2$ und $\mathfrak{a}_3$ seiner Elementarzelle. In einem ungestörten Gitter werden die Ortsvektoren der Atomlagen gegeben durch

$$\mathfrak{n} = n_1\mathfrak{a}_1 + n_2\mathfrak{a}_2 + n_3\mathfrak{a}_3 . \qquad (3.1)$$

Das Zahlentripel (n_1, n_2, n_3) wird kurz mit $\mathbf{n}$ bezeichnet. Entsprechendes gilt auch für alle folgenden Zahlentripel. In einem primitiven Gitter sind die Tripel $\mathbf{n}$ ganzzahlig:

$$n_1 = 1, 2, \ldots N ,$$
$$n_2 = 1, 2, \ldots N ,$$
$$n_3 = 1, 2, \ldots N .$$

$N = N_1 N_2 N_3$ ist die Gesamtzahl der im Gitter vorhandenen Atome. In nicht primitiven Gittern haben die n_i auch gebrochene Werte.

Alle Rechnungen beziehen sich der Einfachheit halber auf primitive kubische Gitter, sie lassen sich jedoch ohne Schwierigkeiten verallgemeinern. Für kubische Gitter mit nur einer Gitterkonstanten a_0 kann man schreiben

$$\mathfrak{n} = a_0 \mathbf{n} .$$

Hier charakterisiert das Zahlentripel $\mathbf{n}$ einen Gittervektor, der in Einheiten der Gitterkonstanten a_0 gemessen wird.

In einer gestörten Struktur liegen die Atome nicht auf den Gitterplätzen $\mathbf{n}$, sie sind vielmehr um einen Vektor

$$\mathfrak{u}_{\mathbf{n}} = u_{n_1}\mathfrak{a}_1 + u_{n_2}\mathfrak{a}_2 + u_{n_3}\mathfrak{a}_3 \qquad (3.2)$$

verschoben. Der Ortsvektor $\mathfrak{x}_n$ für die Atomschwerpunkte ist dann gegeben durch

$$\mathfrak{x}_n = (n_1 + u_{n_1})\,\mathfrak{a}_1 + (n_2 + u_{n_2})\,\mathfrak{a}_2 + (n_3 + u_{n_3})\,\mathfrak{a}_3 \,. \tag{3.3}$$

Die in den Klammern stehenden Zahlentripel werden abgekürzt geschrieben:

$$\mathbf{x}_\mathrm{n} = \mathbf{n} + \mathbf{u}_\mathrm{n} \,.$$

Im reziproken Gitterraum (auch Fourier-Raum genannt) ist ein entsprechendes Gitter definiert durch die Gittervektoren $\mathfrak{b}_1$, $\mathfrak{b}_2$ und $\mathfrak{b}_3$. Diese Vektoren haben die Dimensionen cm^{-1}. Ihre Größe und Richtung sind eine Funktion der Gittervektoren $\mathfrak{a}_i$ und genügen der Beziehung

$$\begin{aligned} \mathfrak{a}_i \mathfrak{b}_j &= 1 \quad \text{für} \quad i = j\,, \\ &= 0 \quad \text{für} \quad i \neq j\,. \end{aligned}$$

Bei einem kubischen Gitter sind die Vektoren $\mathfrak{b}_i$ parallel zu den Vektoren $\mathfrak{a}_i$ und haben die Länge $1/a_0$ ($a_0 =$ Gitterkonstante des Realgitters).

Der Ortsvektor im Fourier-Raum ist

$$\mathfrak{h} = h_1\mathfrak{b}_1 + h_2\mathfrak{b}_2 + h_3\mathfrak{b}_3 \,. \tag{3.4}$$

Die Eckpunkte des Gitters sind gegeben durch die Vektoren

$$\mathfrak{H} = H_1\mathfrak{b} + H_2\mathfrak{b}_2 + H_3\mathfrak{b}_3 \,. \quad H_1, H_2, H_3 = 0,\ \pm 1,\ \pm 2, \ldots \tag{3.5}$$

Die Abweichung eines Vektors $\mathfrak{h}$ vom nächstliegenden Gitterpunkt $\mathfrak{H}$ wird durch den Vektor

$$\mathfrak{g} = g_1\mathfrak{b}_1 + g_2\mathfrak{b}_2 + g_3\mathfrak{b}_3 \tag{3.6}$$

dargestellt. Er ist durch die Gleichung

$$\mathfrak{g} = \mathfrak{h} - \mathfrak{H} \tag{3.7}$$

definiert. Das häufig vorkommende skalare Produkt $\mathfrak{h}\,\mathfrak{x}_n$ wird so

$$\begin{aligned} \mathfrak{h}\,\mathfrak{x}_n &= (H_1 + g_1)\,(n_1 + u_{n_1}) + (H_2 + g_2)\,(n_2 + u_{n_2}) + (H_3 + g_3)\,(n_3 + u_{n_3}) \\ &\equiv \mathbf{Hn} + \mathbf{gn} + \mathbf{Hu}_\mathrm{n} + \mathbf{gu}_\mathrm{n} \,. \end{aligned} \tag{3.8}$$

Da die folgende Darstellung sich ausschließlich mit dem kubischen Gitter beschäftigt, können zur Abkürzung die folgenden Bezeichnungen benutzt werden:

$$h = \sqrt{h_1^2 + h_2^2 + h_3^2} \qquad g = \sqrt{g_1^2 + g_2^2 + g_3^2} \quad \text{usw.}$$

3.1 Die Streuung ungestörter Kristalle

Die Streuamplitude F einer mit monochromatischem Röntgenlicht bestrahlten Atomanordnung oder Elektronendichteverteilung $\varrho(\mathfrak{x})$ wird durch phasenrichtige Überlagerung der Streuamplituden der einzelnen Atome bzw. Volumenelemente erhalten:

$$F(\mathfrak{h}) = f_e(\mathfrak{h}) \sum_j f_j(\mathfrak{h}) \exp(2\pi i \mathfrak{x}_j \mathfrak{h})$$

bzw. (3.9)

$$F(\mathfrak{h}) = f_e(\mathfrak{h}) \int \varrho(\mathfrak{x}) \exp(2\pi i \mathfrak{x}\,\mathfrak{h})\, dv_{\mathfrak{x}} \,.$$

Dabei ist $\mathfrak{h}$ der in (2.1) definierte reziproke Gittervektor, f_j die Streuamplitude des an der Stelle $\mathfrak{x}_j$ befindlichen Atoms und f_e die Streuamplitude eines einzelnen Elektrons, das unter den gleichen Bedingungen bestrahlt wird. Dieser letzte Faktor sowie alle anderen Faktoren, die durch die experimentelle Anordnung bedingt sind, werden in den folgenden Ausführungen fortgelassen. Sie sind für eine absolute Bestimmung der Streuintensität wichtig, hier jedoch ohne Belang.

Aus (3.9) erhält man die Intensitätsverteilung $I(\mathfrak{h})$ durch Quadrierung des Betrages der Amplituden $F(\mathfrak{h})$:

$$I(\mathfrak{h}) = FF^* = \sum_j \sum_k f_j f_k \exp[2\pi i(\mathfrak{x}_j - \mathfrak{x}_k)\mathfrak{h}]$$

bzw.

$$I(\mathfrak{h}) = \int\int \varrho(\mathfrak{x})\, \varrho(\mathfrak{y}) \exp[2\pi i(\mathfrak{x} - \mathfrak{y})\mathfrak{h}]\, dv_{\mathfrak{y}}\, dv_{\mathfrak{x}},$$

wobei zur Unterscheidung die zweite Integrationsvariable mit $\mathfrak{y}$ bezeichnet worden ist. Setzen wir noch

$$\mathfrak{x}_j - \mathfrak{x}_k = \mathfrak{r}_i \quad \text{bzw.} \quad \mathfrak{x} - \mathfrak{y} = \mathfrak{r},$$

so finden wir

$$I(\mathfrak{h}) = \sum_j Q_j \exp(2\pi i \mathfrak{r}_j \mathfrak{h})$$

bzw.

$$\int Q(\mathfrak{r}) \exp(2\pi i \mathfrak{r}\mathfrak{h})\, dv_{\mathfrak{r}}, \tag{3.10}$$

mit den Abkürzungen

$$Q_j = \sum_k f_k f_{k+j}$$

bzw.

$$Q(\mathfrak{r}) = \int \varrho(\mathfrak{y})\, \varrho(\mathfrak{y} + \mathfrak{r})\, dv_{\mathfrak{y}}. \tag{3.11}$$

Die Indices k und $k+j$ stehen hier für die Ortskoordinaten $\mathfrak{x}_k$ und $(\mathfrak{x}_k + \mathfrak{r}_j)$ der Atome.

Während die Streuamplitude F die Fouriertransformation der Elektronendichte $\varrho(\mathfrak{x})$ ist, stellt die Intensitätsverteilung die Fouriertransformation einer Größe $Q(\mathfrak{r})$ dar, wobei die Transformationskoordinate $\mathfrak{r}$ keine Orts-, sondern vielmehr eine Abstandskoordinate ist.

Der Ausdruck (3.11) bedeutet mathematisch eine Faltungsoperation, die allgemein definiert ist durch die Beziehung

$$A(\mathfrak{x}) * B(\mathfrak{x}) = \int A(\mathfrak{y})\, B(\mathfrak{x} - \mathfrak{y})\, dv_{\mathfrak{y}}. \tag{3.12}$$

Diese Operationen spielen in der Theorie der Fourier-Transformationen eine wichtige Rolle. Es läßt sich zeigen, daß ein Produkt zweier Funktionen in dem einen Raum bei der Transformation in den anderen Raum dort in die Faltung der zugehörigen Transformationsfunktionen übergeht. Haben wir ganz allgemein zwei Funktionen $A(\mathfrak{x})$ und $B(\mathfrak{x})$, deren Fourier-Transformierte die Funktionen $a(\mathfrak{h})$ und $b(\mathfrak{h})$ sein sollen, so gelten die Transformationen

$$A(\mathfrak{x}) \cdot B(\mathfrak{x}) \longleftrightarrow a(\mathfrak{h}) * b(\mathfrak{h}),$$

$$A(\mathfrak{x}) * B(\mathfrak{x}) \longleftrightarrow a(\mathfrak{h}) \cdot b(\mathfrak{h}).$$

In unserem speziellen Fall ist die Intensitätsverteilung $I(\mathfrak{h})$ das Produkt der Amplitudenfunktion $F(\mathfrak{h})$ mit ihrem konjugiert komplexen Wert $F^*(\mathfrak{h})$. Die zugehörigen Transformationsfunktionen sind $\varrho(\mathfrak{x})$ und $\varrho(-\mathfrak{x})$, wie leicht aus Gl. (3.9) abzuleiten ist. Wir erhalten

$$F(\mathfrak{h}) \cdot F^*(\mathfrak{h}) \longleftrightarrow \varrho(\mathfrak{x}) * \varrho(-\mathfrak{x}) \equiv Q(\mathfrak{x}).$$

Diese spezielle Faltung bezeichnet man als Faltungsquadrat. Die Q-Funktion ist daher das Faltungsquadrat der Dichteverteilung der Elektronen. Sie wurde von HOSEMANN und BAGCHII (62) in die Beugungstheorie der Röntgenstrahlung eingeführt.

Physikalisch stellt die Q-Funktion eine gewichtete Abstandsstatistik dar. Nach Gl. (3.11) erhält jeder Abstand $\mathfrak{r}$, der in der Struktur vorhanden ist, als Gewicht das Produkt der an den beiden Endpunkten des Abstandes vorhandenen Elektronendichten.

Aus einer gegebenen Intensitätsverteilung kann man durch Rücktransformation in den Realraum die Q-Funktion bestimmen:

$$Q(\mathfrak{r}) = \int I(\mathfrak{h}) \exp(-2\pi i \mathfrak{r} \mathfrak{h})\, dv_{\mathfrak{h}}, \tag{3.13}$$

wobei es in vielen Fällen möglich ist, aus der Abstandsverteilung Angaben über die Atomverteilung im Realraum zu machen. Auf dem Gebiet der Kristallstrukturbestimmung entspricht die Q-Funktion der Patterson-Funktion.

Aus Gl. (3.11) und (3.13) erhält man die Beziehung

$$Q(0) = \int \varrho^2(\mathfrak{y})\, dv_{\mathfrak{y}} = \int I(\mathfrak{h})\, dv_{\mathfrak{h}}. \tag{3.14}$$

Da die Elektronenhüllen der Atome sich nicht wesentlich durchdringen können, ist $Q(0)$ bei einem abgeschlossenen System von N Atomen eine Invariante. Der Integralwert der Intensitätsverteilung im gesamten Fourier-Raum hängt nur von der Anzahl und der Art der Atome ab, jedoch nicht von ihrer Anordnung. Eine Änderung der Atomverteilung bewirkt nur eine Verschiebung der Intensitätsverteilung, ohne daß sich der Gesamtbetrag ändert.

Sind die Atome in einem Gitter angeordnet, so sind die Schwerpunktslagen im ungestörten Fall durch die Vektoren $\mathfrak{n}$ nach Gl. (3.1) gegeben. Für ein primitives Gitter von A-Atomen erhalten wir die Streuamplitude

$$F(\mathbf{h}) = f_A \sum_{n_1=1}^{N_1} \sum_{n_2=1}^{N_2} \sum_{n_3=1}^{N_3} \exp(2\pi i \mathbf{n}\mathbf{h}). \tag{3.15}$$

Aus der Aufsummierung erhält man

$$|F(\mathbf{h})| = f_A \frac{\sin\pi N_1 h_1}{\sin\pi h_1} \frac{\sin\pi N_2 h_2}{\sin\pi h_2} \frac{\sin\pi N_3 h_3}{\sin\pi h_3}. \tag{3.16}$$

Die Rechnungen werden hier wie im folgenden mit den dimensionslosen Größen $\mathbf{n}$ und $\mathbf{h}$ durchgeführt, die in Einheiten der Gitterkonstanten a_0 bzw. $1/a_0$ gemessen werden. Für die Intensität erhält man entsprechend

$$I(\mathbf{h}) = f_A^2 \sum_{\mathbf{m}} N_{\mathbf{m}} \exp(2\pi i \mathbf{m}\mathbf{h}). \tag{3.17}$$

Hier bedeutet $\mathbf{m}$ das Zahlentripel (m_1, m_2, m_3) des Abstandsvektors $\mathfrak{m}$ im Gitter und $N_{\mathbf{m}}$ die Häufigkeit, mit der der Abstandsvektor $\mathfrak{m}$ in dem betrachteten Kristall vorkommt. Ein Vergleich mit (3.11) zeigt, daß hier

$$Q_j = Q_{\mathbf{m}} = f_A^2 N_{\mathbf{m}}$$

ist.

Bei hinreichend großen Kristallen haben (3.16) bzw. (3.17) nur in der Nähe von ganzzahligen Wertetripeln $\mathbf{h} = \mathbf{H}$ einen meßbaren Betrag.

Man kann daher näherungsweise schreiben:

$$F(\mathbf{h}) = f_A \sum_{\mathbf{H}} \delta(\mathbf{h} - \mathbf{H})$$

bzw.

$$I(\mathbf{h}) = N f_A^2 \sum_{\mathbf{H}} \delta(\mathbf{h} - \mathbf{H}) \,, \tag{3.18}$$

wobei N die Gesamtzahl der Atome ist, und die δ-Funktion definiert ist durch

$$\delta(\mathbf{h}) = 0 \quad \text{für alle} \quad \mathbf{h} \neq 0 \,,$$

$$\int \delta(\mathbf{h})\, dv_{\mathbf{h}} = 1^* \,.$$

Bei kleinen Kristallen hängt die Form und Intensitätsverteilung innerhalb der Reflexe von der äußeren Gestalt des Kristalls ab, die man durch eine Gestaltsfunktion $S(\mathbf{x})$ charakterisieren kann (*25*). Sie ist definiert durch

$$\begin{aligned} S(\mathbf{x}) &= 1 \text{ für alle } \mathbf{x} \text{ innerhalb des Kristalls,} \\ &= 0 \text{ für alle anderen } \mathbf{x}. \end{aligned} \tag{3.19}$$

Setzen wir $G(\mathbf{x}) = \sum_{\mathbf{n}} \delta(\mathbf{x} - \mathbf{n})$, so stellt $G(\mathbf{x})$ die Gitterpunktsfunktion eines unendlich ausgedehnten Kristallgitters dar, die durch Fouriertransformation in die entsprechende Gitterpunktsfunktion $G_t(\mathbf{h})$ des reziproken Gitters übergeht. Das Produkt $S(\mathbf{x})\, G(\mathbf{x})$ beschränkt die Gitterfunktion auf den Kristallbereich, wie es

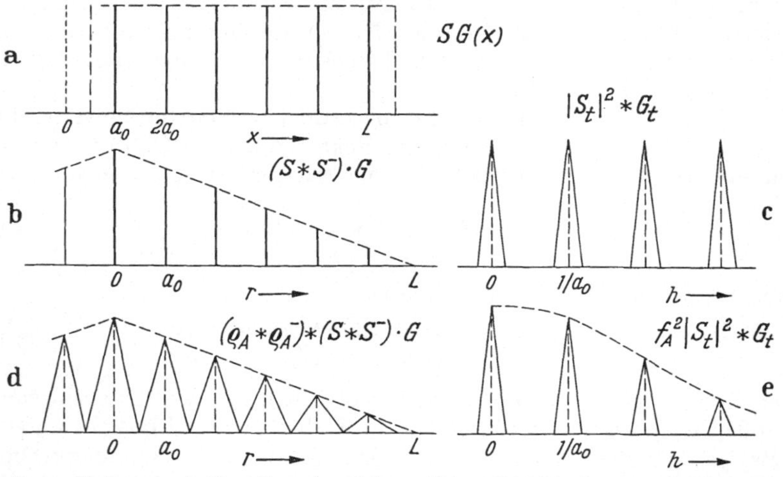

Abb. 9a—e. Eindimensionale Darstellung des Einflusses kleiner Kristalldurchmesser auf die Beugungserscheinungen. a) Die Funktion $S(\mathbf{x}) \cdot G(\mathbf{x})$. b) Das Faltungsquadrat der Funktion a). c) Die Fouriertransformation der Funktion b). d) Das Faltungsquadrat der Funktion $S(\mathbf{x}) \cdot G(\mathbf{x}) * \varrho_A(\mathbf{x})$. e) Die Fouriertransformation der Funktion d)

in Abb. 9a dargestellt ist. Das Faltungsquadrat dieses Produktes in Abb. 9b nimmt mit wachsendem Abstand $\mathbf{r}$ ab und erreicht den Wert Null für $\mathbf{r} = \pm L$, wobei L die Länge des Kristalls ist. Die Fouriertransformation dieses Ausdrucks ist in Abb. 9c

* Rechnet man mit den Größen $\mathfrak{n}$, $\mathfrak{h}$ usw., die eine Dimension besitzen, so tritt bei Integraloperationen, wie sie die Faltung, Fourier-Transformation, δ-Funktion darstellen, noch ein Faktor v (= Volumen der Elementarzelle) bzw. $1/v$ hinzu. Es ist dann z. B. $I(\mathfrak{h}) = N f_A^2/v \sum_{\mathfrak{H}} \delta(\mathfrak{h} - \mathfrak{H})$.

gezeichnet. Jeder Gitterpunkt der transformierten Gitterfunktion G_t ist durch die Fouriertransformierte S_t der Gestaltsfunktion S verbreitert, was durch Dreiecke symbolisch dargestellt ist.

Setzt man in das Kristallgitter, Abb. 19a, Atome mit einer Elektronendichteverteilung $\varrho_A(\mathbf{x})$ ein, so erhält man die Elektronendichteverteilung

$$\varrho(\mathbf{x}) = S(\mathbf{x})\, G(\mathbf{x}) * \varrho_A(\mathbf{x}) \tag{3.19a}$$

im Gitter. Das zugehörige Faltungsquadrat, Abb. 19d, unterscheidet sich von Abb. 19b durch eine Verbreiterung der Gitterpunkte, was symbolisch durch Dreiecke angedeutet ist. Die Fouriertransformation dieser Funktion ist in Abb. 19e dargestellt. Sie zeigt eine Reduzierung der Intensität der verbreiterten Gitterpunkte um den Faktor $f_A^2(\mathbf{h})$, wobei f_A die Atomformamplitude ist, die durch Fouriertransformation von $\varrho_A(\mathbf{x})$ entsteht. Die Intensitätsfunktion Abb. 19e lautet:

$$I(\mathbf{h}) = f_A^2\, G_t(\mathbf{h}) * |S_t(\mathbf{h})|^2 . \tag{3.20}$$

Die einzelnen Reflexe sind durch die Funktion $|S_t(\mathbf{h})|^2$ verbreitert, aus der sich rückwärts die Kristallgröße berechnen läßt.

3.2 Die Streuung gestörter Kristalle

Jede Abweichung von der Periodizität der Elektronendichteverteilung im Kristallgitter ist eine Gitterstörung. Sie kann einmal durch Verschiebung der Atome von ihrer idealen Gitterlage entstehen, zum anderen aber auch dadurch, daß in einem Gitterverband verschiedenartige Atome in nicht periodischer Weise eingebaut sind. Ist $f_\mathbf{n}$ die Streuamplitude des Atoms am Gitterplatz $\mathbf{n}$, dessen Schwerpunkt um den Betrag $\mathbf{u_n}$ von diesem Platz infolge irgendwelcher Störungen verschoben ist, so kann man die Streuamplitude des gesamten Kristallverbandes angeben als

$$F = \sum_\mathbf{n} f_\mathbf{n} \exp[2\pi i(\mathbf{u_n} + \mathbf{n})\mathbf{h}] .$$

Dabei sei das Koordinatensystem $\mathbf{n}$ so festgelegt, daß der Mittelwert aller Verschiebungen verschwindet:

$$\overline{\mathbf{u_n}} = 0 . \tag{3.20a}$$

Man kann jetzt die Größe

$$\Phi_\mathbf{n} = f_\mathbf{n} \exp(2\pi i \mathbf{u_n h}) \tag{3.21}$$

formal als komplexe Streuamplitude des $\mathbf{n}$ten Atoms auffassen. Für die Streuintensität erhält man dann analog zu (3.17)

$$I = \sum_\mathbf{m} N_\mathbf{m} \overline{\Phi_\mathbf{n} \Phi^*_{\mathbf{n}+\mathbf{m}}} \exp(2\pi i \mathbf{mh}) , \tag{3.22}$$

wobei die Mittelung des Produktes $\Phi_\mathbf{n}\Phi^*_{\mathbf{n}+\mathbf{m}}$ über den Index $\mathbf{n}$ auszuführen ist. Nach GUINIER (*50*) kann man $\Phi_\mathbf{n}$ zerlegen in einen Mittelwert $\overline{\Phi}$ und in die Abweichung $\varphi_\mathbf{n}$ von diesem Mittelwert:

$$\Phi_\mathbf{n} = \overline{\Phi} + \varphi_\mathbf{n} . \tag{3.23}$$

Die Streuamplitude läßt sich dann schreiben:

$$F = \overline{\Phi} \sum_\mathbf{n} \exp(2\pi i \mathbf{nh}) + \sum_\mathbf{n} \varphi_\mathbf{n} \exp(2\pi i \mathbf{nh}) . \tag{3.24}$$

Durch Quadrieren erhält man die Intensitätsverteilung, die in diesem Falle nur zwei Glieder enthält, da das dritte wegen $\overline{\varphi_\mathbf{n}} = 0$ verschwindet:

$$I = N|\overline{\Phi}|^2 \sum_\mathbf{H} \partial(\mathbf{h} - \mathbf{H}) + \sum_\mathbf{m} N_\mathbf{m} \psi_\mathbf{m} \exp(2\pi i \mathbf{mh}) = I_0 + I_D \tag{3.25}$$

mit der Abkürzung

$$N_{\mathbf{m}}\psi_{\mathbf{m}} = \sum_{\mathbf{n}} \varphi_{\mathbf{n}}\varphi^*_{\mathbf{n}+\mathbf{m}} .$$

Das erste Glied I_0 ergibt die scharfen Kristallinterferenzen an den Stellen $\mathbf{h} = \mathbf{H}$, das zweite Glied die durch die Störungen zusätzlich auftretende (meist diffuse) Streuung im übrigen Fourier-Raum. Die Intensität der Kristallreflexe ist dabei proportional zu

$$|\overline{\Phi}|^2 = |\overline{f_{\mathbf{n}} \exp(2\pi i \mathbf{u}_{\mathbf{n}}\mathbf{h})}|^2 .$$

Für kleine $\mathbf{u}$ kann dieser Ausdruck in eine Reihe entwickelt werden, wobei das zweite Glied wegen (3.20a) näherungsweise verschwindet. Für einen aus A-Atomen und B-Atomen bestehenden Mischkristall erhält man beispielsweise

$$|\overline{\Phi}|^2 \approx \{m_A f_A [1 - 2\pi^2 \overline{(\mathbf{u}_A\mathbf{h})^2}] + m_B f_B [1 - 2\pi^2 \overline{(\mathbf{u}_B\mathbf{h})^2}]\}^2 \qquad (3.26)$$

wobei m_A und m_B die atomaren Konzentrationen der beiden Atomsorten darstellen und $\mathbf{u}_A$ bzw. $\mathbf{u}_B$ die Verschiebungen der A- bzw. B-Atome sind. Haben die $\mathbf{u}$ keine Vorzugsorientierung, so kann man die in den runden Klammern stehenden quadratischen Mittelwerte der skalaren Produkte ausrechnen. Da es üblich ist, die in den eckigen Klammern stehenden Ausdrücke als Exponentialfaktoren zu schreiben, erhält man schließlich

$$|\overline{\Phi}|^2 = \left\{m_A f_A \exp\left(-\frac{2\pi^2}{3}\overline{\mathbf{u}_A^2}\,\mathbf{h}^2\right) + m_B f_B \exp\left(-\frac{2\pi^2}{3}\overline{\mathbf{u}_B^2}\,\mathbf{h}^2\right)\right\}^2 . \qquad (3.27)$$

Solche Faktoren sind beispielsweise als Debyesche Temperaturfaktoren bekannt. Die mittleren quadratischen Abweichungen $\overline{\mathbf{u}^2}$ entstehen in diesem Fall durch die Temperaturschwingungen der Atome um die Gitterpunkte und sind auch in monoatomaren Kristallen vorhanden.

Haben in einem Mischkristall die verschiedenen Atomsorten unterschiedliche Größe, so schwingen sie nicht mehr um die Gitterpunkte als Ruhelage. Die hierdurch entstehende mittlere quadratische Abweichung zwischen Gitterpunkt und mittlerem Atomschwerpunkt ergibt einen zweiten Faktor, der die Intensität der Kristallreflexe zusätzlich schwächt. In allen Fällen nimmt diese Schwächung mit $\mathbf{h}^2$ zu.

I_D ist im Gegensatz zu I_0 eine diffuse Streuung (nur im Fall einer Überstrukturbildung ist ein Teil von ihr in den scharfen Überstrukturreflexen zu finden). Die Gesamtintensität von I_D wird durch das Glied $\mathbf{m} = 0$ in (3.25) gegeben, die übrigen Glieder bewirken nur eine Änderung in der Verteilung im Fourier-Raum, die jedoch meist beträchtlich ist. Das Glied $\mathbf{m} = 0$ gibt daher nur eine grobe Näherung, die hier als nullte Näherung bezeichnet wird:

$$\begin{aligned} I_D^{(0)} &= N\,\overline{(\varphi_{\mathbf{n}}\varphi^*_{\mathbf{n}})} \\ &= N\,\overline{|\Phi_{\mathbf{n}} - \overline{\Phi}|^2} \\ &= N\,(\overline{|\Phi_{\mathbf{n}}|^2} - |\overline{\Phi}|^2) . \end{aligned}$$

Nun ist für den Fall des binären Mischkristalls

$$\overline{|\Phi_{\mathbf{n}}|^2} = \overline{f^2} = m_A f_A^2 + m_B f_B^2 .$$

Schreibt man statt (3.26) zur Abkürzung unter Vernachlässigung höherer Glieder

$$|\bar{\Phi}|^2 = \bar{f}^2 \left(1 - \frac{4\pi^2}{3} \Delta^2 \mathbf{h}^2\right)$$
$$= (m_A f_A + m_B f_B)^2 \left(1 - \frac{4\pi^2}{3} \Delta^2 \mathbf{h}^2\right),$$

so erhält man als Näherung:

$$I_D^{(0)} = N m_A m_B (f_A - f_B)^2 + N \frac{4\pi^2}{3} \Delta^2 \mathbf{h}^2 \bar{f}^2 = I_L^{(0)} + I_V^{(0)}, \qquad (3.28)$$

die sich in zwei Anteile zerlegen läßt:

1. Die diffuse Laue-Streuung $I_L^{(0)}$ des Mischkristalls*, die durch die unterschiedlichen Streuamplituden der beteiligten Atome verursacht wird,

2. die Verzerrungsstreuung $I_V^{(0)}$, die durch elastische Gitterverzerrung irgendwelcher Art entsteht.

Während die diffuse Laue-Streuung, von der Winkelabhängigkeit der Streuamplituden f_A und f_B einmal abgesehen, im ganzen Bereich des rez. Gitters konstant ist, nimmt die Verzerrungsstreuung proportional zu $\mathbf{h}^2$ zu. Der Gesamtbetrag von $I_V^{(0)}$ entspricht genau dem durch die Verzerrung entstandenen Intensitätsverlust der Kristallreflexe. Bemerkenswert ist die Tatsache, daß bei kleinen Streuwinkeln praktisch nur die diffuse Laue-Streuung vorhanden ist, hier also Einflüsse von Gitterverzerrungen praktisch keine Rolle spielen. Deshalb kann man in diesem Winkelgebiet I_L allein bestimmen.

Die folgenden Abschnitte beschäftigen sich mit der Abweichung der diffusen Streuung von der hier angegebenen nullten Näherung. Zuvor muß jedoch noch eine andere diffuse Streuung erwähnt werden, die bei einer Bestrahlung mit Röntgenstrahlen entsteht und als inkohärente Streuung bezeichnet wird (Compton-Streuung). Die an den einzelnen Atomen entstehende Streuung besitzt keine Phasenbeziehungen und ist daher unabhängig von der Atomanordnung. Sie kann näherungsweise berechnet und von der experimentell gefundenen Streuung abgezogen werden (*65*). In erster Näherung gehorcht sie der Beziehung

$$I_{ink} \approx N \sum_i m_i z_i \left[1 - \left(\frac{f_i}{z_i}\right)^2\right] \qquad (3.29)$$

wobei m_i die atomare Konzentration und z_i die Ordnungszahl der Atomsorte i ist. Bei kleinen Beugungswinkeln ist die Streuung sehr klein.

4. Die Temperaturstreuung von Kristallen

Neben der inkohärenten Compton-Streuung ist bei allen Untersuchungen von Kristallen immer noch eine diffuse kohärente Streuung vorhanden, die durch die Schwingungen der Atome um ihre Gleichgewichtslage hervorgerufen wird. Deshalb soll sie vor der Behandlung

---

* v. LAUE (*69*) hat sich als erster mit dieser Streuerscheinung beschäftigt, die daher häufig als diffuse Laue-Streuung des Mischkristalls bezeichnet wird. Wir übernehmen die Bezeichnungsweise für diesen Streuanteil des Mischkristalls zur Unterscheidung von anderen Streuanteilen, die durch Gitterverzerrungen hervorgerufen werden.

der Mischkristalle kurz beschrieben werden. Die Atomschwingungen haben physikalisch eine Änderung der Abstandstatistik $Q(\mathbf{r})$ zur Folge, die sich röntgenographisch durch eine Verringerung der Intensität der Kristallreflexe und Bildung eines diffusen Streuuntergrundes bemerkbar macht.

Die diffuse Temperaturstreuung I_T gehört in die Gruppe der Verzerrungsstreuung I_V, doch soll sie wegen ihrer gesonderten Stellung mit dem Index T bezeichnet werden. Entsprechend Gl. (3.28) ist ihre nullte Näherung

$$I_T^{(0)} = N\bar{f}^2 \frac{4\pi^2}{3} \Delta_T^2 \mathbf{h}^2 \equiv N\bar{f}^2 \cdot 2M . \tag{4.1}$$

In einem monoatomaren Kristall ist die Größe Δ_T^2 gleich der mittleren quadratischen Abweichung $\overline{\mathbf{u}_T^2}$.

Diese nullte Näherung gilt exakt bei völliger Unabhängigkeit der Atombewegungen, die selbstverständlich in einem Gitter nicht vorhanden ist. Die Kopplung der Atomschwingungen berücksichtigt man durch die Annahme, daß die Verschiebungen der Atomschwerpunkte von ihrer Gitterpunktslage dargestellt werden können durch eine Überlagerung sehr vieler ebener Wellen longitudinalen und transversalen Charakters, die sich mit unterschiedlicher Wellenlänge und Geschwindigkeit in verschiedenen Richtungen im Kristall ausbreiten: Die Wellenlängen können dabei wegen des atomistischen Aufbaus des Gitters nicht beliebig klein sein. Für die zugehörigen Ausbreitungsvektoren $\mathbf{k}$ bedeutet das eine obere Begrenzung ihrer Länge. Die Endpunkte der Vektoren können insgesamt nur den Raum ausfüllen, der der ersten Brillouinzone der Kristallstruktur entspricht. Macht man solch einen Ansatz für $\mathbf{u}_n$, führt ihn in die Gl. (3.21) ein und entwickelt $\exp(2\pi i \mathbf{u}_n \mathbf{h})$ in Reihe, so erhält man eine Anzahl von Gliedern, aus denen man nach Quadrierung die Intensitätsbeiträge

$$I_T = I_T^{(1)} + I_T^{(2)} + I_T^{(3)} + \cdots$$

für die diffuse Temperaturstreuung gewinnen kann. Das erste Glied dieser Entwicklung ist proportional zu $\mathbf{h}^2$ und kann als erste Näherung bezeichnet werden, die den Intensitätsverlauf schon recht gut wiedergibt. Bezeichnet man mit $\mathbf{g}$ nach Gl. (3.6) den Differenzvektor zwischen einer Stelle $\mathbf{h}$ im rez. Gitter und dem nächstliegenden Kristallreflex $\mathbf{H}$, so findet man, daß an jeder Stelle $\mathbf{h}$, die einem bestimmten Differenzvektor $\mathbf{g}$ entspricht, nur solche Temperaturschwingungen einen Intensitätsbeitrag liefern, deren Ausbreitungsvektoren gleich $\pm\,\mathbf{g}$ sind. Dieser Beitrag ist

$$I_T^{(1)} = N f^2 e^{-2M}\, 4\pi^2 \mathbf{h}^2 \sum_{j=1}^{3} \frac{1}{2} \mathbf{U}_{gj}^2 \cos^2(\mathbf{h}, \mathbf{U}_{gj}) .$$

$\mathbf{U}_{gj}$ ist dabei der Amplitudenvektor, der bei den beiden Transversalkomponenten der Schwingung senkrecht zu $\mathbf{g}$, bei der longitudinalen Komponente parallel zu $\mathbf{g}$ ist.

Ersetzt man noch das Amplitudenquadrat $\mathbf{U}_{gj}^2$ durch die Schwingungsenergie E_{gj}, die wiederum als Funktion der Temperatur T und Frequenz

ν_{gj} bekannt ist, so findet man die vielgebrauchte Darstellung (*65*) (m = Masse des schwingenden Atoms)

$$I_T^{(1)} = N f^2 e^{-2M} \frac{\mathbf{h}^2}{m} \sum_{j=1}^{3} \frac{E_{gj}}{\nu_{gj}^2} \cos^2(\mathbf{h}, \mathbf{U}_{gj}) \, . \tag{4.2}$$

Man hat so die Möglichkeit, bei bekannter Temperatur die Frequenz ν_{gj} als Funktion des Wellenvektors **g** zu bestimmen und damit auch die Ausbreitungsgeschwindigkeit v_{gj} dieser Welle anzugeben. Die Streuintensität ist vor allem dann groß, wenn die Amplitude der zugehörigen Schwingung ebenfalls groß ist. Das ist besonders für große Wellenlängen, d. h. für kleine Ausbreitungsvektoren **g** der Fall. Die Intensität nimmt daher in der Nähe der Primärreflexe stark zu und bildet dort Maxima. Außerdem ist zu erwarten, daß infolge der Anisotropie der Gitterkräfte die Schwingungsamplituden in manchen Richtungen größer sind als in anderen. In den zugehörigen Richtungen der Ausbreitungsvektoren **g** entstehen dann Intensitätsbrücken zwischen den Reflexen. So zeigen beispielsweise die kubisch flächenzentrierten Metallgitter in vielen Fällen solche Brücken in {110}- und {111}-Richtungen, weil die transversalen Schwingungskomponenten, bei denen die Atome in ⟨110⟩-Richtungen schwingen, sehr große Amplituden haben.

Als Beispiel für die Temperaturstreuung ist in Abb. 10 eine Filmaufnahme von einem Aluminium-Einkristall wiedergegeben, die bei Raumtemperatur aufgenommen wurde (monochromatische Molybdänstrahlung). Die Ausbildung der Streifen ist deutlich zu erkennen. Abb. 11 zeigt die mit dem Zählrohr aufgenommene Intensitätsverteilung eines β-Messing-Einkristalls (*14*), die ebenfalls Intensitätsbrücken erkennen läßt.

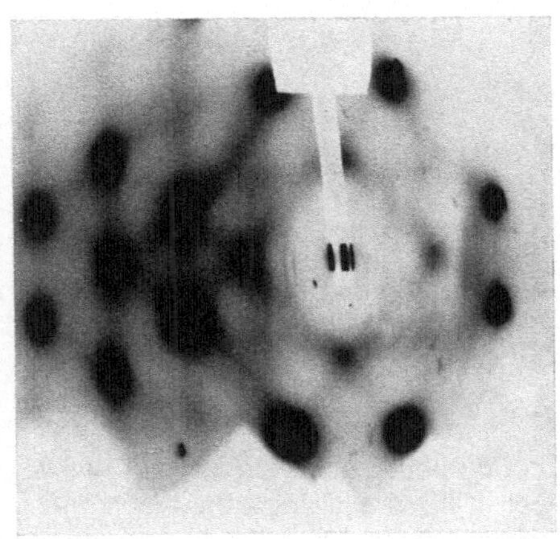

Abb. 10. Temperaturstreuung eines Aluminium-Einkristalls (*86*). Monochromatische MoKα-Strahlung

Die exakte Auswertung nach der geschilderten Methode wird dadurch erschwert, daß Gl. (4.2) nur die erste Näherung der Temperaturstreuung darstellt. Die nächsten beiden Korrekturglieder sind keinesfalls zu vernachlässigen (*64*). Eine eingehende Beschreibung der Rechenmethoden zur Bestimmung der höheren Näherungen hat Olmer (*81*) gegeben, auf die hier verwiesen werden soll.

Für die Untersuchungen von Mischkristallen ist es wichtig, die Temperaturstreuung I_T quantitativ zu erfassen, um denjenigen Streuanteil zu erhalten, der den Mischkristallen eigentümlich ist. Da eine rechnerische Elimination nicht möglich ist, geht man bei Einkristallmessungen praktisch so vor, daß die diffuse Streuung bei zwei verschiedenen Temperaturen T_1 und T_2 gemessen wird, wobei sich allerdings die Atomanordnung nicht ändern darf. Dies läßt sich bei abgeschreckten Proben erreichen, die bei verschieden tiefen Temperaturen untersucht werden können. Unter der Annahme, daß die Temperaturstreuung proportional zu T ist, kann aus den beiden Messungen I_T berechnet und eliminiert werden. Die restliche Intensitätsverteilung setzt sich zusammen aus der inkohärenten Streuung I_{ink} und der zu untersuchenden Streuung I_M des Mischkristalls. Diese Korrektur ist jedoch nur dann hinreichend, wenn I_M größer ist als I_T.

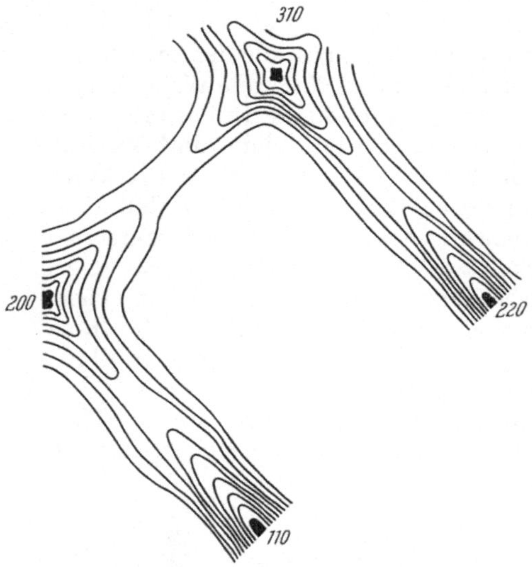

Eine andere Korrektionsmöglichkeit ist die, einen Mischkristall in den völlig geordneten Zustand zu versetzen, so daß die Streuung nur aus den Anteilen I_{ink} und I_T besteht. Nimmt man an, daß die Temperaturstreuung im geordneten Zustand nicht verschieden ist von der im ungeordneten Zustand, so kann man ebenfalls I_T eliminieren. Diese Methode wird vor allem bei höheren Untersuchungstemperaturen angewandt.

Abb. 11. Temperaturstreuung von β-Messing (*14*) nach (*96*). Mit dem Zählrohr aufgenommene Linien gleicher Intensität in der Ebene $(h_1 h_2 0)$

Für die Korrektur der Temperaturstreuung bei Pulveraufnahmen von kubischen Strukturen sind von WARREN (*94*) und HERBSTEIN und AVERBACH (*57*) Formeln zur Korrektur der Temperaturstreuung angegeben worden. Sie basieren auf der Annahme konstanter Phasengeschwindigkeit für alle Wärmeschwingungen und geben damit eine näherungsweise Abschätzung für I_T.

5. Die Streuung ungesättigter Mischkristalle

Wie in Abschnitt 3 gezeigt wurde, verursacht ein Mischkristall neben der Temperaturstreuung noch eine zweite diffuse Streuung, die sich wiederum aus zwei Anteilen zusammensetzt: Eine durch die Atomanordnung verursachte Streuung (I_L) sowie eine Streuung, die durch Gitterverzerrungen verursacht wird (I_V), die durch die unterschiedlichen Atomgrößen entstehen. Beide Einflüsse sollen nacheinander behandelt werden.

5.1 Der Einfluß der Atomanordnung

In einem binären Mischkristall von N Atomen sei m_A die Konzentration der A-Atome und m_B die der B-Atome. Weiterhin soll die Atomverteilung zunächst völlig ungeordnet, d. h. die Wahrscheinlichkeit P_i^{AA}, in einem Gitterabstand r_i von einem A-Atom wieder ein A-Atom zu finden, für alle Abstände gleich m_A sein. Die einzige Ausnahme bildet der

Abstand $r_i = 0$, für den $P_o^{AA} = 1$ ist. Die diffuse Streuintensität nach Gl. (3.22) und (3.25) ist dann ohne Berücksichtigung von Gitterverzerrungen ($\overline{\Phi} = \overline{f} = m_A f_A + m_B f_B$, $\overline{\Phi^2} = m_A f_A^2 + m_B f_B^2$):

$$I_L = N m_A m_B (f_A - f_B)^2 \tag{5.1}$$

wegen

$$\Phi_{\mathbf{n}} \Phi_{\mathbf{n}+\mathbf{m}} = \overline{f^2}\,; \quad \psi_{\mathbf{m}} = \overline{f^2} - \overline{f}^2 \quad \text{für } \mathbf{m} = 0$$
$$= \overline{f}^2\,; \quad \psi_{\mathbf{m}} = 0 \quad \text{für } \mathbf{m} \neq 0\,.$$

Diese Beziehung entspricht genau dem ersten Glied in (3.28)

Im allgemeinen sind die Atome jedoch nicht völlig ungeordnet verteilt, da die chemischen Bindungsenergien zwischen den Atompaaren A-A, B-B und A-B unterschiedlich sind. Man wird also für kleine Abstände Abweichungen von der idealen Unordnung finden, die durch die Wahrscheinlichkeiten P_i^{AA} charakterisiert werden können. Diese Wahrscheinlichkeiten hängen nur vom Betrag des Abstandsvektors und nicht von seiner Richtung ab. Der Index i bezeichnet daher die $i$te Koordinationsschale des Bezugsatoms.

Mit P_i^{AA} sind auch alle anderen Wahrscheinlichkeiten für die Atomverteilung festgelegt, wie sich leicht zeigen läßt. Ist die Wahrscheinlichkeit, in einem Abstand r_i von einem A-Atom ein B-Atom zu finden, gegeben durch P_i^{AB}, so gilt die Beziehung

$$P_i^{AA} + P_i^{AB} = 1\,. \tag{5.2a}$$

Desgleichen findet man, ausgehend von einem B-Atom, die Relation

$$P_i^{BB} + P_i^{BA} = 1\,, \tag{5.2b}$$

Um einen Zusammenhang zwischen P_i^{AB} und P_i^{BA} zu finden, betrachtet man die Zahl der A-B-Partner in einem Abstand r_i: In einem großen Kristall ist für kleine r_i diese Zahl gleich der Gesamtzahl der A-Atome ($m_A N$), multipliziert mit P_i^{AB}. Man kann sie jedoch auch angeben als Produkt der Gesamtzahl der B-Atome mit P_i^{BA}. Damit erhält man die dritte Beziehung

$$m_A P_i^{AB} = m_B P_i^{BA}. \tag{5.2c}$$

Führt man die Wahrscheinlichkeiten in die Q-Funktion (3.11) ein, so erhält man nach einiger Umformung (die Gesamtzahl der in der Summe vorhandenen Glieder N_i ist bei kleinen i praktisch gleich der Gesamtzahl N der Atome)

$$Q_i = N_i \overline{f}^2 + N m_A m_B (f_A - f_B)^2 \alpha_i\,, \tag{5.3}$$

wobei die sog. Nahordnungskoeffizienten α_i folgendermaßen definiert sind:

$$\alpha_i = \frac{P_i^{AA} - m_A}{1 - m_A}\,. \tag{5.4}$$

Diese Koeffizienten sind nur für kleine Abstände r_i von Null verschieden. Bei der Fouriertransformation gibt das zweite Glied in (5.3) die uns interessierende diffuse Laue-Streuung I_L. Zerlegt man die Abstände r_i in ihre Komponenten ($\mathbf{r}_i = m_1 \mathbf{a}_1 + m_2 \mathbf{a}_2 + m_3 \mathbf{a}_3$) und setzt

$$I_L' = \frac{I_L}{m_A m_B (f_A - f_B)^2}\,,$$

so findet man für die diffuse Streuung

$$I_L' = 1 + \sum_{\mathbf{m} \neq 0} \alpha_{\mathbf{m}} \exp(2\pi i\, \mathbf{m h})\,. \tag{5.5}$$

Durch Fouriertransformation der experimentell gefundenen Streuung kann man die Koeffizienten $\alpha_{\mathbf{m}}$ bestimmen:

$$\alpha_{\mathbf{m}} = \int (I'_L - 1) \exp(-2\pi i \mathbf{m}\mathbf{h})\, dv_{\mathbf{h}}\,. \tag{5.6}$$

Die Integration ist dabei über eine Elementarzelle des rez. Gitters zu erstrecken. Da die $\alpha_{\mathbf{m}}$ nur vom Betrag $|\mathbf{m}|$ des Abstandsvektors, jedoch nicht von der Richtung abhängen, kann man sich mit einer zweidimensionalen Fourieranalyse der Intensitätsverteilung in einer Ebene $(h_1\, h_2\, 0)$ des rez. Gitters begnügen (*80*). Die dort erhaltenen zweidimensionalen Fourierkoeffizienten $A_{m_1 m_2}$ sind Summen der dreidimensionalen Koeffizienten

$$A_{m_1 m_2} = \sum_{m_3} \alpha_{m_1 m_2 m_3}\,.$$

Daraus erhält man z. B. für ein kubisch flächenzentriertes Gitter folgende Relationen für die α_i:

$$A_{00} = \alpha_0 + 2\alpha_2 + 2\alpha_8 + \cdots$$

$$A_{\frac{1}{2}0} = 2\,\alpha_1 + 2\alpha_5 + \cdots$$

$$A_{10} = \alpha_2 + 2\alpha_4 + 2\alpha_{10} + \cdots$$

usw.

Die Indices bei den α_i bedeuten die Nummer der Koordinationsschale. Die halbzahligen Indices bei den $A_{m_1 m_2}$ entsprechen den halbzahligen Lagekoordinaten der Atome in einem kflz. Gitter.

Für ein vielkristallines Material geht die Intensitätsformel über in

$$I_L = N m_A m_B (f_A - f_B)^2 \left[1 + \sum_{i \neq 0} C_i \alpha_i \frac{\sin 2\pi h r_i}{2\pi h r_i}\right], \tag{5.7}$$

wobei C_i die Koordinationszahl der $i$ten Schale und $h = |\mathbf{h}| = 2a_0 \sin\Theta/\lambda$ ist. Der Radius r_i ist in Einheiten der Gitterkonstanten a_0 gemessen.

Im allgemeinen ist der Nahordnungskoeffizient α_1 der ersten Koordinationsschale am größten und bestimmt den Intensitätsverlauf. Hier sind zwei Fälle zu unterscheiden: Einmal kann die Legierung die Tendenz zur eigentlichen Nahordnung haben, d. h. ein A-Atom sucht sich vorzugsweise mit B-Atomen zu umgeben. Andererseits besteht die Möglichkeit zur Nahentmischung (Clusterbildung), wobei sich ein A-Atom vorzugsweise mit anderen A-Atomen umgibt. Welcher dieser beiden Fälle eintritt, hängt vor allem von den chemischen Bindungsenergien der beteiligten Atome ab. Mischkristalle, die bei tiefen Temperaturen in zwei Phasen unterschiedlicher Konzentration zerfallen, werden Nahentmischung zeigen, solche mit einer Ordnungsstruktur hingegen Nahordnung. Die beiden Fälle zeigen röntgenographisch charakteristische Unterschiede:

Nahordnung: $P_1^{AA} < m_A$; $\alpha_1 < 0$; diffuse Maxima zwischen den Mischkristallreflexen

Nahentmischung: $P_1^{AA} > m_A$; $\alpha_1 > 0$; diffuse Maxima an den Stellen der Mischkristallreflexe.

Der Zusammenhang zwischen der Funktion Q_i, die die Abstandsstatistik der A- und B-Atome beschreibt, und der Intensitätsverteilung ist für beide Fälle in den Abb. 12 und 13 gezeigt. Zugleich sind auch noch die Fälle der Fernordnung und der Entmischung in größere Bereiche

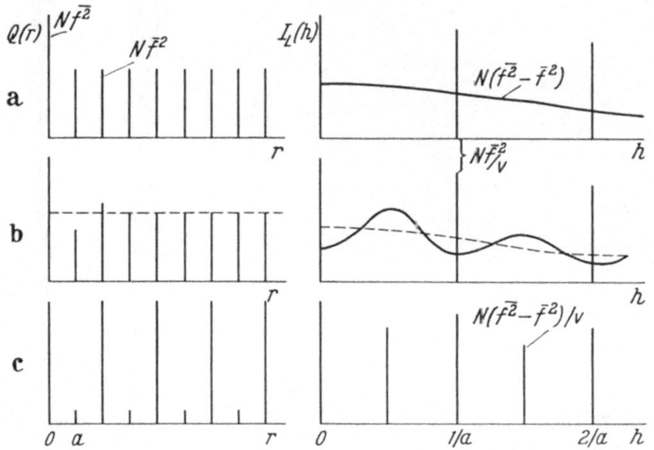

Abb. 12a—c. Eindimensionale Darstellung der Q-Funktion und der diffusen Streuung I_L des nah- und ferngeordneten Mischkristalls. a) Idealer Mischkristall ($\alpha_i = 0$ für alle $i \neq 0$); b) nahgeordneter Mischkristall ($\alpha_1 < 0$); c) ferngeordneter Mischkristall

beigefügt. Bei der Fernordnung geht die gesamte Streuintensität I_L in die scharfen Überstrukturreflexe hinein. Bei der Entmischung in große Bereiche sollte man entsprechend erwarten, daß die gesamte Streuung I_L

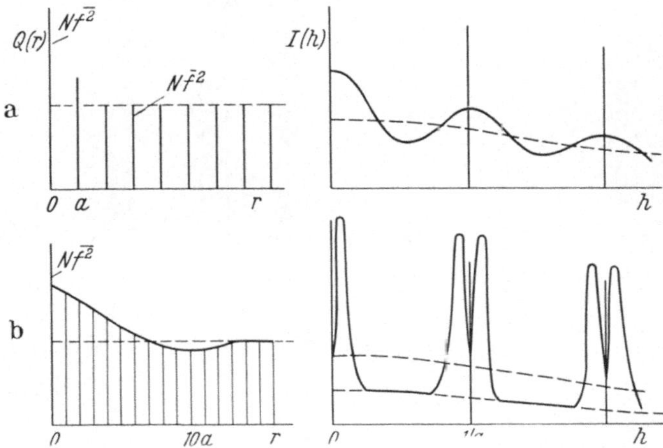

Abb. 13a u. b. Eindimensionale Darstellung des entmischten Mischkristalls. a) Mischkristall mit Nahentmischung ($\alpha_1 > 0$); b) Mischkristall mit größeren entmischten Bereichen

von den Hauptreflexen aufgesogen wird. Im allgemeinen sind jedoch die Bereiche klein. Wegen der begrenzten Diffusionswege wird in der Umgebung eines mit A-Atomen angereicherten Bereiches I immer ein an

A-Atomen verarmtes Gebiet II zu finden sein. Das hat die in Abb. 13b gezeigte Intensitätsverteilung zur Folge. Auf Einzelheiten wird in Abschnitt 6 eingegangen.

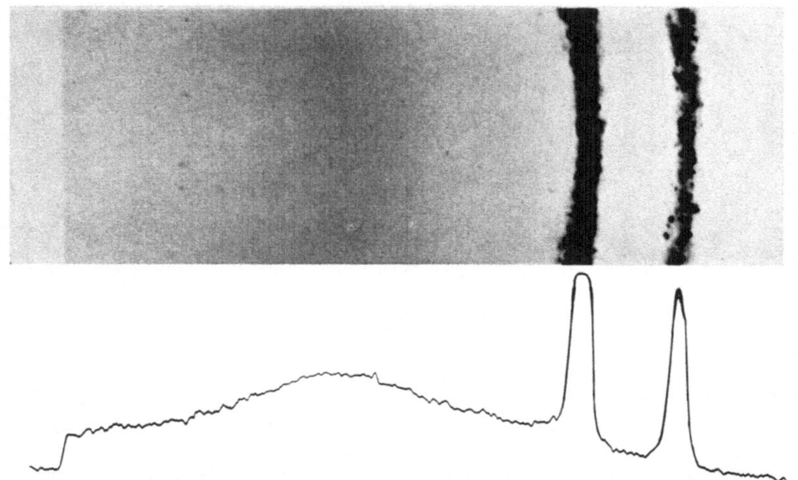

Abb. 14. Pulveraufnahme einer Cu_3Au-Legierung, die von 900° C abgeschreckt wurde (*26*). Monochromatische CuKα-Strahlung

Die Abb. 14 und 15 zeigen zwei Debye-Scherrer-Aufnahmen von Mischkristallen, die der Intensitätsverteilung der Abb. 12b und 13a ent-

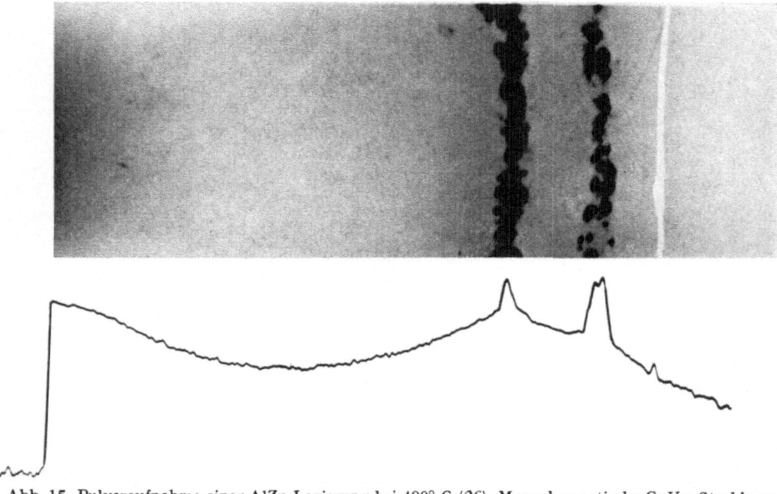

Abb. 15. Pulveraufnahme einer AlZn-Legierung bei 400° C (*26*). Monochromatische CuKα-Strahlung

sprechen. Sie wurden von FLINN, AVERBACH und COHEN (*26*) aufgenommen. Die Legierung Cu_3Au bildet unterhalb 390° C eine Fernordnung aus; die Aufnahme (Abb. 14) weist auf eine Nahordnung im Mischkristall hin.

Im Gegensatz dazu zeigt die Aufnahme des AlZn-Mischkristalls (Abb. 15) eine Nahentmischung an. Diese Legierung zerfällt unterhalb 330° C in zwei Phasen.

5.2 Der Einfluß der Atomradiendifferenzen

Der Einfluß der Atomgröße auf die Streuung ist am leichtesten für den Fall des völlig ungeordneten Mischkristalls zu diskutieren. Durch die unterschiedlichen Atomradien werden die Schwerpunktslagen der Atome von den Gitterplätzen verschoben. Der Zustand, der hierdurch entsteht, ist dem einer eingefrorenen Wärmeschwingung durchaus ähnlich. Es ist daher ein Beugungseffekt zu erwarten, der ähnlich der Temperaturstreuung eines Kristalls ist: Abnahme der Intensität der Mischkristallreflexe um einen Faktor $\exp(-2M')$ und diffuse Streuung mit Maxima in der Nähe der Mischkristallreflexe. Diese Art der Streuung wurde zuerst von Huang (*63*) berechnet. Dem überlagert sich natürlich noch die durch die Wärmeschwingungen entstehende echte Temperaturstreuung.

Zugleich tritt noch eine Intensitätsverschiebung auf, die durch die Kopplung von Atom-Streuamplitude und Verzerrungsfeld zustandekommt. Zum Beispiel weitet in einer Legierung immer das stärker streuende Atom das Gitter auf, in einer anderen Legierung ist es umgekehrt. Diese Intensitätsverschiebung ist erstmals von Warren, Averbach und Roberts (*97*) diskutiert und experimentell untersucht worden. In ihrer Theorie spielen zwei Verzerrungskonstanten (ε_1^{AA} und ε_1^{BB}) eine Rolle. In der von Borie (*6, 7*) verfeinerten Theorie werden die Beugungseffekte mit einer einzigen Konstanten (ε_A) beschrieben. Die wesentlichen Züge der Theorie sollen an Hand einer vereinfachten Rechnung von Cochran (*13*) gezeigt werden.

In einem ungestörten Kristallgitter von Atomen der Sorte B, dessen Mittelpunkt bei $\mathbf{n} = 0$ liegen möge, wird an dieser Stelle ein B-Atom durch ein A-Atom ersetzt. Infolge des unterschiedlichen Atomdurchmessers werden die umgebenden Atome radial verschoben, wobei der Verschiebungsvektor $\mathbf{u_n}$ nach der Elastizitätstheorie mit wachsendem Abstand quadratisch abnimmt:

$$\mathbf{u_n} = \varepsilon_A \frac{\mathbf{n}}{|\mathbf{n}|^3}\,. \tag{5.8}$$

ε_A ist dabei eine positive oder negative Konstante, je nachdem das A-Atom größer oder kleiner als das B-Atom ist. Der Ansatz für die Streuamplitude lautet:

$$\begin{aligned} F(\mathbf{h}) &= f_A + f_B \sum_{\mathbf{n} \neq 0} \exp(2\pi i\, \mathbf{u_n h}) \exp(2\pi i\, \mathbf{nh}) \\ &\approx f_B \sum_{\mathbf{n}} \exp(2\pi i\, \mathbf{nh}) + (f_A - f_B) \\ &\quad + 2\pi i\, f_B \mathbf{h} \sum_{\mathbf{n} \neq 0} \mathbf{u_n} \exp(2\pi i\, \mathbf{ng})\,. \end{aligned} \tag{5.9}$$

Das erste Glied gibt die scharfen Reflexe an den Stellen $\mathbf{h} = \mathbf{H}$, das zweite Glied eine diffuse Streuung, die der Intensität I_L in Gl. (5.1) entspricht. Das dritte Glied zeigt den Einfluß der Gitterverzerrung. Zur besseren

Rechnung ist das skalare Produkt $\mathbf{hu_n}$ in seine vektoriellen Bestandteile zerlegt. Außerdem ist im Exponenten an Stelle von $\mathbf{h}$ die Größe $\mathbf{g} = \mathbf{h} - \mathbf{H}$ eingesetzt. Dies ist erlaubt, da $\exp(2\pi i\,\mathbf{nh}) = 1$ ist.

Für die weitere Rechnung geht man nach EKSTEIN (*24*) von der Summe über zum Integral und schreibt für das dritte Glied

$$2\pi i\, f_B \mathbf{h} \int_{r_0}^{R} \mathbf{u_n} \exp(2\pi i\, \mathbf{ng})\, dv_{\mathbf{n}}\,, \tag{5.10}$$

wobei die untere Integrationsgrenze r_0 angenähert der Radius des A-Atoms an der Stelle $n = 0$ ist (gemessen in Einheiten der Gitterkonstanten a_0). R ist der äußere Radius des Kristalls. Das Integral in (5.10) stellt einen Vektor dar, dessen Richtung aus Symmetriegründen parallel zu $\mathbf{g}$ ist, und dessen Betrag den Wert ($g = |\mathbf{g}|$)

$$\frac{2i\varepsilon_A}{g} \frac{\sin 2\pi r_0 g}{2\pi r_0 g}$$

hat. Das zur oberen Integrationsgrenze gehörende Glied ist vernachlässigt, da es für $g \neq 0$ kaum einen Beitrag liefert. Für die diffuse Streuung bekommen wir so insgesamt den Ausdruck

$$I_M(\mathbf{h}) = \left[(f_A - f_B) - 4\pi\varepsilon_A f_B \frac{h}{g} \cos(\mathbf{h}, \mathbf{g}) \frac{\sin 2\pi r_0 g}{2\pi r_0 g}\right]^2. \tag{5.11}$$

Werden in einem Kristallgitter von N Atomen insgesamt $m_A N$ Atome der Sorte B durch A-Atome ersetzt, so wird die Berechnung wesentlich komplizierter. Das von BORIE (*6, 7*) erhaltene Ergebnis lautet:

$$\begin{aligned} I_M &= I_L + I_V + I_K \\ I_L &= N m_A m_B (f_A - f_B)^2 \\ I_V &= N m_A m_B \left\{(m_A f_A + m_B f_B) \frac{\varepsilon_A}{m_B} \sum_{\mathbf{m}} \frac{2\pi \mathbf{mh}}{|\mathbf{m}|^3} \sin 2\pi \mathbf{mh}\right\}^2 \\ I_K &= -N m_A m_B (f_A - f_B)(m_A f_A + m_B f_B) \frac{2\varepsilon_A}{m_B} \sum_{\mathbf{m}} \frac{2\pi \mathbf{mh}}{|\mathbf{m}|^3} \sin 2\pi \mathbf{mh}\,. \end{aligned} \tag{5.12}$$

Hierbei wurde angenommen, daß jedes Atom das umgebende Gitter nach Gl. (5.8) verzerrt und diese Verzerrungen sich linear überlagern. Die beiden den Atomsorten A und B zugeordneten Verzerrungskonstanten ε_A und ε_B sind durch die Relation

$$m_A \varepsilon_A + m_B \varepsilon_B = 0 \tag{5.13}$$

miteinander verknüpft. Dies folgt aus der Bedingung, daß die vorgegebene mittlere Gitterkonstante a_0 erhalten bleiben muß. Der Verzerrungszustand läßt sich daher mit einem einzigen Parameter ε_A beschreiben.

Die in (5.12) auftretenden Summen lassen sich ebenfalls näherungsweise durch Integrale berechnen: Für ein kubisch primitives Gitter erhält man

$$\sum_{\mathbf{m}} \frac{2\pi \mathbf{mh}}{|\mathbf{m}|^3} \sin 2\pi \mathbf{mh} \approx 4\pi \frac{h}{g} \cos(\mathbf{h}, \mathbf{g}) \frac{\sin 2\pi r_0 g}{2\pi r_0 g}\,. \tag{5.14}$$

Für ein kubisch flächenzentriertes Gitter erhöht sich der Betrag um den Faktor 4 (4 Atomen in der Elementarzelle entsprechend).

Die Diskussion der Gl. (5.12) ergibt: Der normalen monotonen Laue-Streuung I_L ist eine durch die Gitterverzerrung hervorgerufene Streuung I_V überlagert, die ihre Schwerpunkte an den Stellen der Mischkristallreflexe hat. Abb. 16 zeigt die Streufunktion (5.14), deren Quadrat proportional zu I_V ist. Die an den Stellen der Mischkristallreflexe auftretenden Maxima liegen auf den Verbindungsgeraden zwischen Kristallreflex und Nullpunkt und fallen mit zunehmendem Abstand g vom Reflex rasch ab, so daß I_V für größere g zu vernachlässigen ist.

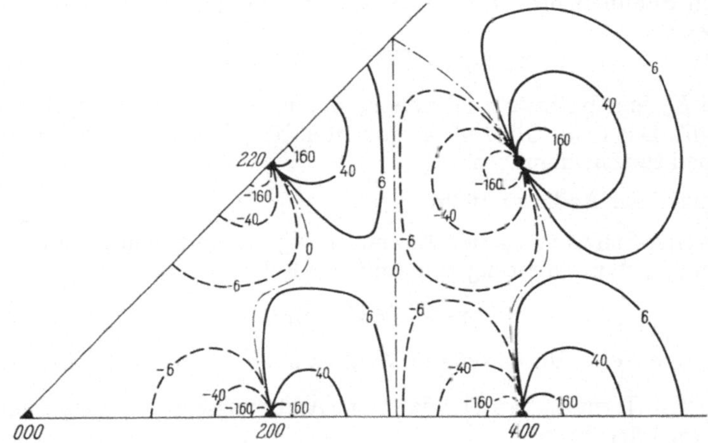

Abb. 16. Die Funktion $4\pi \frac{h}{g} \cos(\mathbf{h}, \mathbf{g}) \frac{\sin 2\pi r_0 g}{2\pi r_0 g}$ in der Ebene $(h_1 h_2 O)$ für ein kubisch flächenzentriertes Gitter ($r_0 = 0{,}355$). Für große g-Werte ist die Funktion interpoliert worden

Das dritte Glied I_K ist direkt proportional der in Abb. 16 dargestellten Funktion und fällt daher mit wachsendem g langsamer ab als I_V. Es ist für große g nicht mehr zu vernachlässigen. In diesem Bereich wirkt I_K wie eine Modulation der Laue-Streuung I_L. Da das Vorzeichen der Summe nach (5.14) von dem Vorzeichen des $\cos(h, g)$ abhängt, vermindert das Glied I_K die Intensität I_L auf einer Seite eines Reflexes, während auf der anderen Seite die Intensität erhöht wird. Auf welcher Seite die Zunahme erfolgt, hängt von dem Vorzeichen des Produktes $\varepsilon_A (f_A - f_B)$ ab. Sind beispielsweise die A-Atome größer als die B-Atome ($\varepsilon_A > 0$) und haben sie die größere Streuamplitude ($f_A > f_B$), so ist das Vorzeichen von I_K gerade umgekehrt wie das der Funktion in Abb. 16. Die drei Glieder von (5.12) können im übrigen geschrieben werden als das Quadrat zweier Summenglieder, analog zu (5.11).

Die Entstehung eines Streugliedes I_V bedingt eine entsprechende Schwächung der Mischkristallreflexe um einen Faktor $\exp(-2M')$, wobei $2M'$ gegeben ist durch (*6*)

$$2M' = \frac{m_A}{m_B} \varepsilon_A^2 \, 4\pi^2 \sum \frac{(\mathbf{h}\mathbf{m})^2}{|\mathbf{m}|^6}.$$

Die hier auftretende Summe ist von BORN und MISRA (*8*) für ein kubisch flächenzentriertes Gitter ausgerechnet worden. Man erhält

$$2M' = 1330 \frac{m_A}{m_B} \varepsilon_A^2 h^2 . \tag{5.15}$$

Die hier dargelegten Rechnungen gelten für den idealen Mischkristall. Beim Übergang zum nahgeordneten Zustand ändert sich vor allem die diffuse Streuung I_L, wie in Abschnitt 5.1 gezeigt wurde. Die dabei entstehenden Nahordnungsmaxima werden durch die Verzerrung beeinflußt. In den Summengliedern Gl. (5.5) stehen statt der Koeffizienten $\alpha_{\mathbf{m}}$ die Größen

$$\alpha_{\mathbf{m}} \exp[-(2M + 2M' - K_{\mathbf{m}})] ,$$

wobei $K_{\mathbf{m}}$ eine positive Funktion ist, die mit wachsendem $|\mathbf{m}|$ gegen Null geht (*6*). Das erste Glied im Exponenten berücksichtigt den Einfluß der Temperaturschwingungen.

Aus dieser Änderung folgt

a) eine Schwächung der Maxima in I_L, die mit dem Abstand h des Maximums vom Ursprung zunimmt, als Folge des Faktors

$$\exp[-(2M + 2M')] ,$$

b) eine Verbreiterung dieser Maxima als Folge des Faktors $\exp(K_{\mathbf{m}})$.

In dem Term I_K tritt ebenfalls eine Änderung ein. In jedem Summenglied wird der Faktor

$$(m_A f_A + m_B f_B) \frac{2\varepsilon_A}{m_B} \frac{1}{|\mathbf{m}|^3}$$

ersetzt durch

$$\beta_{\mathbf{m}} = f_A (m_A + m_B \alpha_{\mathbf{m}}) \frac{\varepsilon_{\mathbf{m}}^{AA}}{m_B} - f_B (m_B + m_A \alpha_{\mathbf{m}}) \frac{\varepsilon_{\mathbf{m}}^{BB}}{m_A} , \tag{5.16}$$

wobei $\varepsilon_{\mathbf{m}}^{AA}$ definiert ist durch den mittleren Abstand $\mathbf{m}(1 + \varepsilon_{\mathbf{m}}^{AA})$ zweier A-Atome, die im unverzerrten Gitter den Abstand $\mathbf{m}$ haben würden. Entsprechendes gilt für die Größe $\varepsilon_{\mathbf{m}}^{BB}$. Fast alle diese Effekte konnten nachgewiesen werden (*6*). Bisher sind sie jedoch von anderen Autoren noch nicht berücksichtigt worden.

Wie diese Ausführungen gezeigt haben, setzt sich die experimentell zu untersuchende Streuung aus sehr vielen verschiedenen Anteilen zusammen, die bei einer Auswertung zunächst voneinander getrennt werden müssen. Um dieser Schwierigkeit zu entgehen, haben MÜNSTER und SAGEL (*76*) eine Theorie entwickelt, mit der sie ohne dieses mühsame Verfahren auszukommen meinen. Sie zerlegen die gesamte kohärente diffuse Streustrahlung (einschließlich der Temperaturstreuung) in drei Anteile, die jeweils proportional sind zu

$$I_a \sim m_A m_B (f_A - f_B)^2 ,$$

$$I_b \sim m_A f_A^2 ,$$

$$I_c \sim m_B f_B^2 .$$

Die Intensitätsverteilungen I_b und I_c sind nach Ansicht der Verfasser nur in der nächsten Umgebung der Kristallreflexe zu beobachten. Sie stellen die Temperaturstreuung von reinen A-Kristallen und reinen B-Kristallen dar. MÜNSTER und SAGEL schließen bei ihren Betrachtungen diese Gebiete aus und beschränken sich auf den Raum, wo nur der Anteil I_a wirksam ist:

$$I_a = N m_A m_B (f_A - f_B)^2 \int \left[1 - \frac{\varphi_{AB}(\mathbf{r})}{m_B}\right] \exp(2\pi i \mathbf{r}\mathbf{h}) dv_{\mathbf{r}}\,.$$

Hierin ist $\varphi_{AB}(\mathbf{r})\, dv_{\mathbf{r}}$ die Wahrscheinlichkeit, in einem Abstand $\mathbf{r}$ von der Schwerpunktlage eines A-Atoms den Schwerpunkt eines B-Atoms im Volumenelement $dv_{\mathbf{r}}$ zu finden. Ein Vergleich mit Gl. (5.4) lehrt, daß der Ausdruck $\left(1 - \frac{\varphi_{AB}}{m_B}\right)$ den Nahordnungskoeffizienten α_i entspricht: $\alpha_i = 1 - P_i^{AB}/m_B$. φ_{AB} ist im Gegensatz zu P_i^{AB} eine kontinuierliche Funktion, die die Gitterverzerrungen bereits berücksichtigt. Wie die Gln. (5.2) zeigen, sind mit der Bestimmung von P_i^{AB} alle anderen Wahrscheinlichkeiten P_i^{AA} usw. berechenbar, weshalb die Nahordnungskoeffizienten α_i die Streuung ohne den Einfluß der Gitterverzerrungen vollständig beschreiben. Da φ_{AB} jedoch die Verzerrungen mit berücksichtigt, lassen sich die übrigen Wahrscheinlichkeiten φ_{AA} und φ_{BB} nicht durch φ_{AB} berechnen. Zur vollständigen Beschreibung der Streuerscheinungen muß man daher auch die entsprechenden Glieder, d. h. die Intensitäten I_b und I_c berücksichtigen, die sicher nicht auf die unmittelbare Reflexumgebung beschränkt sind. Da die Aufschlüsselung der experimentell gefundenen Streuung in ihre Anteile I_a, I_b und I_c schwierig ist, muß man der Zerlegung nach Gl. (5.12) den Vorzug geben.

Zum Abschluß sei noch eine Methode von Doi (*22*) genannt. Da sie jedoch Annahmen über die Phasenbeziehungen der Streuamplituden der beteiligten Atome machen muß, die praktisch kaum zutreffen, soll sie nicht weiter diskutiert werden.

5.3 Experimentelle Ergebnisse

5.3.1. Die Bestimmung der Nahordnung

Experimentelle Untersuchungen haben nur bei solchen Mischkristallen Erfolg, deren Legierungspartner stark unterschiedliche Streuampli-

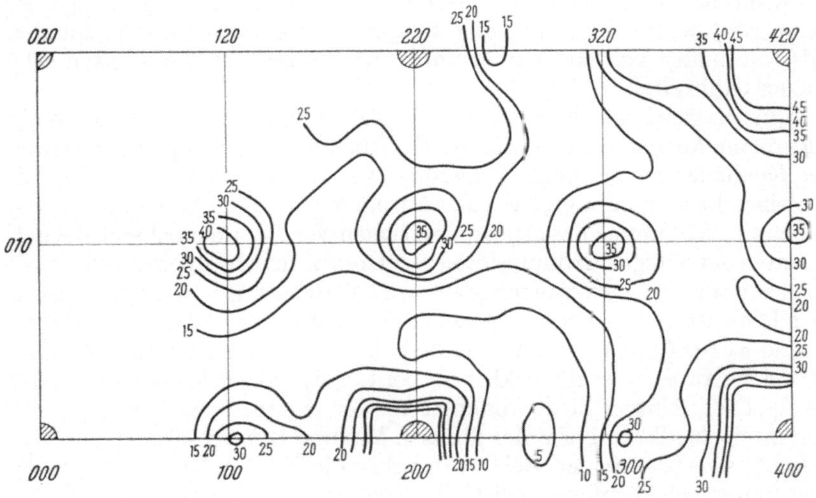

Abb. 17. Intensitätsverteilung I_M in der $(h_1 h_2 0)$-Ebene eines AuCu-Mischkristalls bei 450° C (*96*)

tuden besitzen. Zugleich müssen die Konzentrationen m_A und m_B hinreichend groß sein, damit nach Gl. (5.5) und (5.7) eine intensive Streuung

I_L entsteht. Besonders eingehend wurde das System Kupfer-Gold untersucht, das bei hohen Temperaturen eine lückenlose Mischkristallreihe besitzt. Abb. 17 zeigt die Streuung I_M eines CuAu-Kristalls bei 450° C in der $(h_1\, h_2\, 0)$-Ebene des rez. Gitters (*84, 96*). Die diffusen Maxima an den Stellen (100), (300) usw. sowie die durch das Glied I_K hervorgerufene Asymmetrie der Intensitätsverteilung sind gut zu erkennen. Zur Berechnung der Nahordnungskoeffizienten wird der Einfluß von I_K rechnerisch eliminiert (man benutzt näherungsweise nur die von den nächsten Nachbarn herrührenden Glieder, wodurch einfache Funktionen für I_K erhalten werden). Die Ergebnisse von drei verschiedenen Kupfer-Gold-Legierungen

Tabelle 1. *Nahordnungskoeffizienten der Legierungen Cu_3Au, CuAu und $CuAu_3$ bei verschiedenen Temperaturen.* Nach COWLEY (*15*), ROBERTS (*84*) u. BATTERMAN (*2*)

Koordinationsschale i	Nahordnungskoeffizienten α_i bei							
	völliger Ordnung	Cu_3Au			CuAu		$CuAu_3$	
		405°	460°	550°	425°	525°	250°	320°
1	−0,333	−0,152	−0,148	−0,131	−0,123	−0,118	−0,06	−0,08
2	1	0,186	0,172	0,105	0,048	0,002	0,20	0,19
3	−0,333	0,009	0,019	0,026	0,00	0,00	−0,05	−0,06
4	1	0,095	0,068	0,045	0,07	0,05	0,14	0,10
5	−0,333	−0,053	−0,049	−0,032	−0,03	−0,03	0,01	0,02
6	1	0,025	0,007	−0,009	0,03	0,03	0,03	0,00

sind in der Tab. 1 zusammengestellt. Zum Vergleich sind noch die Nahordnungskoeffizienten für den Fall der vollständigen Ordnung dieser Legierungen angegeben, die in allen drei Fällen gleich sind.

Während die Überstrukturen von CuAu und Cu_3Au schon lange bekannt sind, wurde diejenige von $CuAu_3$ erst vor einigen Jahren gefunden (*61*). Sie bildet sich erst bei Temperaturen unterhalb 200° C nach sehr langen Glühzeiten.

Ein Vergleich der Koeffizienten in Tab. 1 zeigt, daß man nur wenig allgemeine Aussagen machen kann. Mit zunehmender Temperatur werden die Koeffizienten bei einer Legierung, wie es zu erwarten ist, im allgemeinen kleiner, doch gibt es auch Ausnahmen (z. B. α_3 bei Cu_3Au). Dann haben sie nicht immer das gleiche Vorzeichen wie die entsprechenden Koeffizienten der völligen Ordnung (dieser ist trotz unterschiedlicher Ordnungsstruktur für alle Legierungen gleich). Die Änderung von α_i mit zunehmendem i ist von Legierung zu Legierung sehr unterschiedlich. Während α_1 und α_2 bei Cu_3Au (vom Vorzeichen abgesehen) etwa gleich groß sind, ist bei CuAu α_2 wesentlich kleiner, bei $CuAu_3$ jedoch bedeutend größer als α_1. Diese Unterschiede kommen bei der Intensitätsverteilung durch die unterschiedliche Form der diffusen Maxima zum Ausdruck, sind also keine Auswertungsfehler. Bei Cu_3Au haben die diffusen Maxima beispielsweise eine Scheibenform, bei CuAu sind sie kugel- (Abb. 17) und bei $CuAu_3$ eiförmig.

In diesem Zusammenhang ist auch die Frage nach der Meßgenauigkeit zu stellen. BATTERMAN (*2*) gibt eine Schätzung für den maximalen absoluten Fehler, der für Koeffizienten mit kleinem i bei 0,02 liegt. Daher beschränkt er sich in seinen Angaben auch auf zwei Dezimalen (Tab. 1). Die relativen Fehler zwischen den Koeffizienten α_i einer einzelnen Messung sind natürlich kleiner.

In Tab. 2 ist die mittlere Zahl der Goldnachbarn eines Kupferatomes in erster und zweiter Koordination angegeben, wie sie aus den α_i errechnet werden kann. Zum Vergleich sind die Zahlen für den völlig geordneten und den völlig ungeordneten Kristall angegeben. Eine Diskussion über weitere Einzelheiten der Atomanordnung (z. B. kleine Bereiche guter Ordnung, die regellos aneinander stoßen), wie sie von

Tabelle 2. *Mittlere Zahl der Gold-Nachbarn eines Kupfer-Atoms in erster und zweiter Koordination*

Legierung	Cu_3Au		CuAu		$CuAu_3$	
Temperatur	405°		425°		250°	
Koordinations-Nr.	1	2	1	2	1	2
Gemessene Nahordnung	3,46	0,815	6,74	1,90	9,54	2,40
Völlige Unordnung	3	1	6	2	9	3
Völlige Ordnung	4	0	8	0	12	0

WARREN und AVERBACH (*96*) und COWLEY (*15*) angestellt wird, soll hier unterlassen werden, da die Aussagen zu unsicher sind. Bei abgeschreckten Proben jedoch, wo die α_i größer sind, kann sie durchgeführt werden (siehe Abschnitt 6).

In ähnlicher Weise sind auch andere Legierungen untersucht worden. Das System Silber-Gold zeigt für AgAu und Ag_3Au bei Raumtemperatur eine schwache Nahordnung, obwohl hier keine Überstrukturphasen existieren (*80*). Für CuPt, das bei Temperaturen unterhalb 815° eine rhomboedrisch verzerrte Überstruktur besitzt, fand WALKER (*92*) bei 890° eine beträchtliche Nahordnung. Diese Untersuchung wurde an Kristallpulver durchgeführt. Nach der Methode von FLINN, AVERBACH und RUDMAN (*27*) lassen sich durch Messung des diffusen Streuuntergrundes von Debye-Scherrer-Aufnahmen ebenfalls die Nahordnungskoeffizienten und der Atomgrößeneffekt bestimmen.

Eine gute Nahordnung zeigt die Legierung β-AgZn (A2-Typ), die oberhalb 270° C stabil ist und beim Abschrecken in eine geordnete metastabile Phase vom CsCl-Typ (B2) übergeht. Bei 330° C wurde ein Wert $\alpha_1 = -0{,}31$ gefunden, der 5,2 ungleichen bzw. 2,8 gleichen nächsten Nachbarn entspricht (*88*). Die Messungen bei dieser Legierung sind bereits schwierig, da die Tempersturstreuung I_T groß ist im Vergleich zu I_L.

Es wurde auch die Atomanordnung in einer teilweise ferngeordneten Cu_3Au-Legierung untersucht, die nach längerer Glühung bei 380° C (unterhalb des kritischen Punktes von etwa 400° C) in Wasser abgeschreckt worden war (*12*). Da es sich hier um kleine Störungen in einem ferngeordneten Gitter handelt, konnten über die Nahordnungskoeffizienten α_i hinaus nähere Angaben über die Atomverteilung gemacht werden. Danach werden im geordneten Kristall in denjenigen (200)-Ebenen, die Cu- und Au-Atome enthalten, die Plätze dieser Atome vertauscht. An einer Vertauschung ist jeweils eine Gruppe von etwa 9 Atomen beteiligt, so daß kleine Antiphasendomänen entstehen, die gerade eine Atomschicht dick sind.

Sehr interessant sind die Untersuchungen an dem System Gold-Nickel. Da hier bei tiefen Temperaturen eine Mischungslücke besteht, zudem die Mischungswärme im Gegensatz zu den bisher behandelten Legierungen positiv ist (es wird Wärme absorbiert), sollte man im Bereich des Mischkristalls eine Nahentmischung finden. Röntgenographische Untersuchungen von FLINN, AVERBACH und COHEN (*26*) zeigen jedoch deutlich einen schwachen Nahordnungseffekt. Das Vorzeichen von α_1 ist negativ ($\alpha_1 \approx -0{,}03$). Da in diesem Fall das Atomradienverhältnis Gold zu Nickel außerordentlich groß ist, werden die dadurch erzeugten inneren Spannungen im Mischkristall für die positive Mischungswärme verantwortlich gemacht. Andere Autoren (*77*) haben gefunden, daß diese Legierungen Nahentmischung zeigen. Die von ihnen angewandte Auswertemethode gibt jedoch bei kleinen α_1 keine zweifelsfreie Bestimmung des Vorzeichens.

Bei anderen Legierungen, die bei tiefen Temperaturen zweiphasig sind, findet man im Mischkristall eine Nahentmischung. Bei den Legierungen Al-Zn und Al-Ag ist auf der aluminiumreichen Seite ein breites Mischkristallgebiet bei hohen Temperaturen vorhanden. Beide Legierungen haben hier positive Koeffizienten α_1 von der Größenordnung 0,1 bis 0,15, die mit zunehmender Temperatur kleiner werden (*85*).

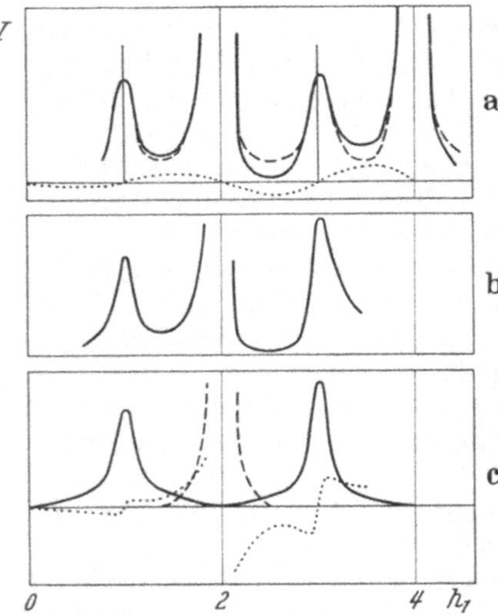

Abb. 18a—c. Der Einfluß der Atomgröße auf die diffuse Streuung eines Cu_3Au-Mischkristalls längs der Geraden (h_1OO). a) Von 500° C abgeschreckt (*97*), nach (*96*). —— normierte experimentelle Kurve $I'_M \sim I_M/(f_A - f_B)^2$; ---- Streuanteil $I'_L + I'_V$; ····· Streuanteil I'_K. b) Von 600°C abgeschreckt (*6*); normierte experimentelle Kurve $I'_M \sim I_M/f_A^2$. c) Zerlegung der experimentellen Kurve b nach (*6*); —— Streuanteil I'_L ---- Streuanteil I'_V; Streuanteil ····· I'_K

5.3.2. Die Bestimmung von Atomradiendifferenzen

Angaben über die Gitterverzerrungen kann man auf zweierlei Art bekommen (*6,96*): Einmal aus dem Glied I_K der diffusen Streuung, zum anderen aus der Abnahme der Integralintensität der Kristallreflexe beim Übergang von der Ordnung zum Mischkristall.

Abb. 18 zeigt die Anwendung der ersten Methode bei der Auswertung der Streukurve längs der Gittergeraden (h_1 0 0) von einem CuAu-Mischkristall. Die diffuse Streuung wird in einen symmetrischen Anteil I_L und einen asymmetrischen Anteil I_K zerlegt. Dabei begnügt man sich mit der einfachen Formel (5.12) ohne Berücksichtigung des Nahordnungseinflusses auf I_K. Setzt man in (5.12) für

I_K nur die Summenbeiträge der nächsten Nachbarn im kubisch flächenzentrierten Gitter ein [$\mathbf{m} = \left(\frac{1}{2}\frac{1}{2}\,0\right)$ usw.], so erhält man insgesamt 8 Summenbeiträge mit $m_1 = \pm 1/2$:

$$I_K(h_1\;0\;0) = -N(f_A - f_B)\bar{f} \cdot 45{,}3 \cdot m_A \varepsilon_A \pi h_1 \sin \pi h_1 . \tag{5.17}$$

Entsprechend dieser Näherung sucht man von der experimentellen Kurve eine Funktion proportional zu $\pi h_1 \sin \pi h_1$ abzutrennen, wie es Abb. 18a zeigt. Die Verzerrungskonstante kann dann leicht aus (5.17) bestimmt werden. Eine genaue Auswertung zeigt jedoch deutlich den Einfluß der vernachlässigten Glieder (punktierte Kurve in Abb. 18c).

Etwas ausführlicher sei auf die Berechnung der Atomradien im System Gold-Nickel eingegangen. FLINN, AVERBACH und COHEN (*26*) benutzten für die Untersuchungen Pulveraufnahmen, bei denen der Term I_K übergeht in

$$I_K = -N m_A m_B (f_A - f_B) \sum_i C_i \beta_i \left(\cos 2\pi r_i h - \frac{\sin 2\pi r_i h}{2\pi r_i h}\right), \tag{5.18}$$

mit den Bezeichnungsweisen wie in (5.7) und (5.16). Statt der Ortskoordinate $\mathbf{m}$ ist die Nummer i der Koordinationsschale zu setzen. Da der Einfluß der Nahordnungskoeffizienten in (5.16) vernachlässigt werden kann, läßt sich in (5.18) der einfachere Ausdruck

$$\beta_i \approx (m_A f_A + m_B f_B) \frac{2\varepsilon_A}{m_B} \frac{1}{r_i^3} \tag{5.19}$$

einsetzen. Die Autoren (*26*) rechnen nach der älteren Theorie (*97*) mit den Konstanten ε_i^{AA} und ε_i^{BB} und definieren den Atomradius der Atome mit

$$R_A^* = R(1 + \varepsilon_1^{AA}) , \tag{5.20}$$

wobei $R = \frac{r_1}{2} a_0$ der aus der Gitterkonstanten bestimmte mittlere Atomradius der Legierung ist. Nach dieser Definition ist R_A^* der mittlere halbe Abstand zweier A-Atome im Mischkristall. Nach der Theorie von BORIE (*6*) ist (5.20) gleichbedeutend mit

$$R_A^* = R\left(1 + \frac{2\varepsilon_A a_0^3}{(2R)^3}\right). \tag{5.21}$$

Der Faktor a_0^3 tritt hinzu, weil ε_A nach (5.8) dimensionslos ist.

Mit dieser Definition des Atomradius wurden Werte für R_{Au}^* und R_{Ni}^* gefunden, die stark von den Radien der reinen Komponenten abweichen (Tab. 3). Das ist nicht verwunderlich, da (5.20) die elastische Verzerrung der Atomabstände nicht berücksichtigt. In einem Ni-reichen Mischkristall werden infolge der kleineren Gitterkonstanten zwei benachbarte Goldatome einen durch die größeren elastischen Spannungen hervorgerufenen kleineren Abstand haben als in einem Au-reichen Kristall.

Eine bessere Definition des Atomradius wird von BORIE (*6*) gegeben:

$$R_A = R\left(1 + \frac{\varepsilon_A a_0^3}{R^3}\right). \tag{5.22}$$

Tabelle 3. *Die Bestimmung von Atomradien aus der diffusen Streuung I_K für das System Gold-Nickel nach Messungen von (26)*

Atomare Konzentr. Nickel m_{Ni}	Experimentelle Werte: Koeff. β_1^*	Experimentelle Werte: mittl. Atomdurchm. $2R$ [Å]	Atomdurchmesser nach (5.21): $2R_{Au}^*$ [Å]	Atomdurchmesser nach (5.21): $2R_{Ni}^*$ [Å]	Verzerrungskonstanten nach (5.19): ε_{Au} [$\times 10^{-3}$]	Verzerrungskonstanten nach (5.19): $-\varepsilon_{Ni}$ [$\times 10^{-3}$]	Atomdurchmesser nach (5.22): $2R_{Au}$ [Å]	Atomdurchmesser nach (5.22): $2R_{Ni}$ [Å]
0,0	—	2,88	2,88	—	0	(5,61)	2,88	2,51
0,3	0,040	2,78	2,80	2,68	1,71	4,00	2,89	2,53
0,5	0,035	2,70	2,75	2,63	2,98	2,98	2,88	2,52
0,7	0,028	2,63	2,69	2,59	4,12	1,77	2,88	2,52
0,9	0,023	2,53	2,62	2,52	5,74	0,64	2,86	2,49
1,0	—	2,49	—	2,49	(6,58)	0	2,86	2,49

$\beta_1^* = \frac{1}{f_A - f_B}\beta_1$ ist der von den Autoren (26) benutzte Koeffizient.

$2R_{Au}^*$, $2R_{Ni}^*$ = die von den Autoren berechneten Atomdurchmesser, die mit den nach (5.19) und (5.21) errechneten identisch sind.

Die in den Klammern stehenden Werte für ε wurden durch Extrapolation gefunden.

Der Einfluß der elastischen Verzerrung ist in dieser Formel berücksichtigt worden, so daß R_A den Radius des unverzerrten Atoms in der Legierung angibt. Das Zusatzglied in der Klammer ist hier 4mal so groß wie in (5.21). Mit Hilfe von (5.13) läßt sich auch der Radius der B-Atome angeben. Die in dieser Weise berechneten Atomradien der Gold-Nickel-Legierung ergeben den gleichen Wert wie für die reinen Metalle. Sie sind ebenfalls in Tab. 3 aufgeführt. Ähnliche Ergebnisse bei der Legierung Co-Pt (*7*) sind ebenfalls mit Gl. (5.22) besser zu interpretieren.

Die zweite Methode zur Bestimmung der Atomradien besteht in der Berechnung des Schwächungsexponenten $2M'$ von Debye-Scherrer-Linien, wie er in (5.15) für ein kubisch flächenzentriertes Gitter angegeben ist. Experimentell vergleicht man die integralen Linienintensitäten eines ungeordneten und eines geordneten Kristallpulvers bei der gleichen Temperatur. Nimmt man an, daß die Debyeschen Schwächungsfaktoren $\exp(-2M)$ in beiden Fällen die gleichen sind, so ist das Intensitätsverhältnis der Linien beider Pulver gegeben durch den Faktor $\exp(-2M')$. Sind die Debyeschen Temperaturen des geordneten und des ungeordneten Zustandes bekannt, so kann man den Unterschied der Temperaturfaktoren berücksichtigen.

Tab. 4 gibt die Meßergebnisse von HERBSTEIN, BORIE und AVERBACH (*59*) sowie einiger anderer Autoren an verschiedenen kubisch flächenzentrierten Legierungen wieder. Mit Hilfe der Gln. (5.13), (5.15) und (5.22) wurde die Radiendifferenz zwischen A- und B-Atomen berechnet

$$\Delta R = \frac{8\varepsilon_A a_0}{m_B} \tag{5.23}$$

und mit den bekannten Radiendifferenzen verglichen. Die Übereinstimmung ist auch hier befriedigend. Die größere Abweichung bei der 15 At-%igen Cu-Au-Legierung ist vermutlich auf Meßfehler zurückzuführen.

Tabelle 4. *Die nach* (5.23) *bestimmten Atomradiendifferenzen* ΔR *nach experimentellen Messungen verschiedener Autoren*

Legierung	gemessene Schwächungsexponenten $B' = \left(\frac{\lambda}{2\sin\Theta}\right)^2 M'$ bei		berechnete Werte Δ R				
	295° K [Å²]	90° K [Å²]	295° K [Å]	90° K [Å]	aus I_K[4] [Å]	Mittel [Å]	theoretisch [Å]
Cu_3Au	0,17[1]	0,17[1]	0,15	0,15	0,15	0,15	0,16
Cu_3Au	0,22[2]	—	0,17	—	—	0,17	0,16
Cu + 15 At.-%Au	0,32[3]	—	0,25	—	—	0,25	0,16
CoPt	0,14[1]	0,10[1]	0,12	0,10	0,09	0,10	0,12
NiAu	0,32[1]	0,35[1,5]	0,17	0,18[5]	0,18	0,18	0,20

[1] Nach Herbstein, Borie und Averbach (*59*).
[2] Nach Borie (*6*).
[3] Nach Coyle und Gale (*16*).
[4] Nach Meßergebnissen von (*59*) berechnet.
[5] Bei 180° K gemessen.

Die Auswertung der Experimente ist in dieser Weise nur möglich, wenn der Ansatz (5.8) die tatsächlichen Verhältnisse in der Legierung wiedergibt. Aus diesem Ansatz folgt z. B. die Vegardsche Regel, daß nämlich die Gitterkonstante sich linear mit der Konzentration ändert. In Legierungen, wo diese Regel näherungsweise erfüllt ist, wird man die Zusammenhänge zwischen Verzerrungskonstanten und Atomradien wie in (5.22) und (5.23) finden.

Herbstein und Averbach (*58*) haben das System Mg-Li untersucht, das eine starke negative Abweichung von der Vegardschen Regel im Bereich der kubisch raumzentrierten Phase auf der Lithiumseite zeigt. Die Gitterkonstante hat bei 70 At.-% Li ein Minimum. Die Autoren konnten ihre experimentell gefundenen Verzerrungsparameter erklären unter der Annahme, daß der Abstand nächster Nachbarn zwischen gleichen Atomen in allen Legierungen nahezu der gleiche ist, während sich der Abstand ungleichartiger Atome stark verkleinert. Die Abhängigkeit der Verzerrungsparameter B' und β_1 von der Konzentration ist hier eine wesentlich andere als bei den oben behandelten Legierungen. Mg-Li zeigt ebenfalls einen schwachen Nahordnungseffekt. Bei 50 At.-% Li ist der Koeffizient $\alpha_1 \approx -0{,}07$.

6. Die Streuung übersättigter Mischkristalle

Der übersättigte Mischkristall stellt einen instabilen Zustand dar, bei dem die Gitterstörungen wesentlich größer sind als in den bisher behandelten ungesättigten Kristallen. Er wird durch rasches Abkühlen aus dem Zustandsbereich des stabilen, ungesättigten Mischkristalls erhalten. Je nach der Art des stabilen Endzustandes lassen sich hier verschiedene Typen unterscheiden:

a) Legierungen mit Überstrukturbildung,
b) Legierungen mit Mischungslücken,
c) Legierungen mit intermediären Ausscheidungsphasen.

Allen übersättigten Mischkristallen gemeinsam ist das Bestreben, den Gleichgewichtszustand herzustellen. Es werden dabei vielfach Zwischenzustände durchlaufen, die je nach Art der Legierung sehr unterschiedlich sind. In allen Legierungen wird die Atomverteilung so geändert, daß man beispielsweise nicht mehr allen Atomen der Sorte A die gleichen oder ähnliche Nachbarschaftsverhältnisse zusprechen kann. Es bilden sich vielmehr Atomkomplexe innerhalb des Mischkristalls heraus, die sich von ihrer Umgebung wesentlich unterscheiden. Dabei wird der Zusammenhang des Gitters noch vollständig gewahrt.

Aufgabe der Untersuchungen ist es, Art, Form und Größe dieser Komplexe zu bestimmen, sowie Angaben über die auftretenden Gitterverzerrungen zu machen. Die Interpretation ist dabei von Legierung zu Legierung verschieden. Man sucht aus der Art der Beugungsdiagramme ein Modell für die Atomanordnung zu gewinnen und dann einige Parameter dieses Modells zu berechnen. An einigen Beispielen soll bei den verschiedenen Legierungstypen das Wesentliche dieser Untersuchungsmethode gezeigt werden.

6.1 Legierungen mit Überstrukturbildung

Bei diesen Legierungen geht der übersättigte Mischkristall vollständig in den geordneten Zustand über, wenn er die Konzentration der Überstruktur besitzt. Die Bildung beginnt an mehreren Stellen gleichzeitig, bei vielen Legierungen schon während des Abschreckens. Als Beispiel seien die Nahordnungskoeffizienten α_i für die Legierung CuAu angegeben, wie sie ROBERTS (1954) bei einer Temperatur von 525° und nach dem Abschrecken in Wasser bei Raumtemperatur gefunden hat (Tab. 5). Man bemerkt deutlich einen Unterschied in der Koeffizientenverteilung. Das Röntgendiagramm zeigt bei der abgeschreckten Probe schon gut ausgeprägte Maxima der diffusen

Tabelle 5. *Nahordnungskoeffizienten α_i der Legierung CuAu bei hoher Temperatur (525° C), nach dem Abschrecken (500° C/H_2O) bei Raumtemperatur, sowie bei völliger Ordnung.* Nach ROBERTS (*84*)

Koordinationsschale i	Nahordnungskoeffizienten α_i bei völliger Ordnung α_i^0	525° α_i^M	500°/H_2O α_i
1	−0,333	−0,118	−0,158
2	1	−0,002	0,210
3	−0,333	0,00	−0,048
4	1	0,05	0,153
5	−0,333	−0,03	−0,050
6	1	0,03	0,093
7	−0,333	−0,02	−0,035
8	1	0,00	0,070

Streuung, ähnlich wie in Abb. 18, während bei 525° dieselben nur schwach angedeutet sind (vgl. Abb. 17).

Bei der Fouriertransformation der Intensitätsverteilung werden bei der abgeschreckten Probe Koeffizienten α_i erhalten, die bis zu großen i beträchtliche Werte annehmen. Vorzeichen und Betrag wechseln dabei im gleichen Rhythmus wie die Koeffizienten α_i^0 der völlig geordneten Struktur AuCu. Man wird dies so zu interpretieren versuchen, daß sich während des Abschreckens Keime mit völliger Ordnung gebildet haben. Es entsteht daher die Aufgabe, Zahl und Größe dieser Keime sowie ihre Anordnung zu bestimmen. Hierzu diene das folgende Modell:

Es seien eine Vielzahl geordneter Komplexe gleicher Größe statistisch im Kristall verteilt, die sich zum Teil berühren, zum Teil von Mischkristallgebieten mit Nahordnung umgeben sind. Innerhalb eines Komplexes sind die Nahordnungskoeffizienten mit α_i^K, in der geordneten Struktur mit α_i^0 bezeichnet. Innerhalb der Mischkristallbereiche seien die Nahordnungskoeffizienten gleich den Koeffzienten α_i^M, wie sie bei der Abschreckungstemperatur vorhanden waren. Ist noch der Anteil der geordneten Komplexe am Gesamtvolumen gleich t, der des Restmischkristalls also $(1-t)$, so ist es möglich, die Nahordnungskoeffizienten α_i der abgeschreckten Probe aus den Koeffizienten α_i^0 und α_i^M zu berechnen.

Wir gehen aus von einem einzelnen Komplex, dessen Gestalt und Größe durch die Gestaltsfunktion $S(\mathbf{x})$ definiert sein möge [vgl. Gl. (3.19)]. Zur Berechnung der α_i^K benutzen wir die über alle A-Atome und Richtungen gemittelte Wahrscheinlichkeit P_i, im Abstand r_i wieder ein A-Atom zu finden. Für einen unendlich großen geordneten Kristall ist der Zusammenhang durch die Gleichung

$$\alpha_i^0 = \frac{P_i^0 - m_A}{1 - m_A} \tag{6.1}$$

gegeben [vgl. Gl. (5.4)]. Da die hier zu betrachtenden Komplexe jedoch klein sind, müssen die Randeffekte berücksichtigt werden. Das geschieht durch das Faltungsquadrat der Gestaltsfunktion $S(\mathbf{x})$ der Komplexe:

$$S(\mathbf{r}_i) * S(-\mathbf{r}_i) = \int S(\mathbf{y})\, S(\mathbf{y} + \mathbf{r}_i)\, dv_{\mathbf{y}}\,. \tag{6.2}$$

Wir setzen für die Wahrscheinlichkeit P_i^K innerhalb des Komplexes an: (v_K ist das Volumen des Komplexes):

$$P_i^K = P_i^0 \sigma(\mathbf{r}_i)\,,$$

mit

$$\sigma(\mathbf{r}_i) = \frac{S(\mathbf{r}_i) * S(-\mathbf{r}_i)}{v_K}\,.$$

Die so definierte Funktion σ ist die mittlere Wahrscheinlichkeit, von einem beliebigen Punkt innerhalb eines Komplexes ausgehend, in einem Abstand $\mathbf{r}$ wiederum einen Punkt im gleichen Komplex zu finden. Bei einer kugelförmigen Gestalt ist σ und damit auch P_i^K eine Funktion des Betrages von $\mathbf{r}$. Auf diesen Fall sollen sich unsere Überlegungen beschränken. Für $r_i = 0$ wird das Faltungsquadrat von S gleich dem Volumen v_K und damit

$$P_0^K = P_0^0\,.$$

Mit wachsendem r_i nimmt $\sigma(r_i)$ kontinuierlich ab und erreicht schließlich den Wert Null, wenn r_i gleich dem Durchmesser $2R$ des Komplexes wird. Es ist dann

$$P_i^K = 0 \quad \text{für} \quad r_i \geqq 2R\,.$$

Befindet sich solch ein Komplex innerhalb eines Mischkristalls, so gibt es zwei verschiedene Möglichkeiten für die Wahrscheinlichkeit, von einem A-Atom im Komplex ausgehend ein A-Atom im Mischkristall zu finden. Entweder bestehen keinerlei bevorzugte Wahrscheinlichkeiten, dann ist sie gleich der Atomkonzentration m_A der A-Atome. Wir erhalten dann für die mittlere Wahrscheinlichkeit, von einem A-Atom innerhalb des Komplexes ausgehend im Abstand r_i ein zweites A-Atom zu finden:

$$P_i^K = P_i^0 \sigma(r_i) + m_A [1 - \sigma(r_i)]\,.$$

Die andere Möglichkeit ist die, daß für die Atomanordnung zwischen Komplex und Mischkristall die Wahrscheinlichkeit P_i^M des Mischkristalls gültig ist. Dann wird

$$P_i^K = P_i^0 \sigma(r_i) + P_i^M [1 - \sigma(r_i)]\,.$$

Sind viele Komplexe mit einem Volumenanteil t im Mischkristall eingelagert, so findet man für die Gesamtwahrscheinlichkeit bei der Annahme völliger Regellosigkeit zwischen benachbarten Komplexen:

a) bei völliger Regellosigkeit der Atomanordnung zwischen Komplexen und Mischkristall:

$$P_i = t\{P_i^0 \sigma(r_i) + m_A [1 - \sigma(r_i)]\} + (1 - t)\, P_i^M\,.$$

Daraus errechnen sich die Nahordnungskoeffizienten

$$\alpha_i = t \alpha_i^0 \sigma(r_i) + (1 - t)\, \alpha_i^M\,. \tag{6.3}$$

b) bei vorhandener Nahordnung zwischen Mischkristall und Komplexen:

$$\begin{aligned} P_i &= t\{P_i^0 \sigma(r_i) + [t m_A + (1 - t)\, P_i^M]\,[1 - \sigma(r_i)]\} + (1 - t)\, P_i^M\,, \\ \alpha_i &= t \sigma(r_i)\,[\alpha_i^0 - (1 - t)\, \alpha_i^M] + (1 - t^2)\, \alpha_i^M\,. \end{aligned} \tag{6.4}$$

Da die drei Koeffizienten α_i, α_i^0 und α_i^M als Funktion von r_i gegeben sind, besteht die Möglichkeit, nach den Formeln (6.3) und (6.4) die Größen t und $\sigma(r_i)$ zu bestimmen, wobei für $\sigma(r_i)$ eine monoton abfallende Funktion herauskommen muß, die den Anfangswert $\sigma(o) = 1$ hat. Nimmt man für die Komplexe eine Kugelgestalt vom Durchmesser $2R$ an, so hat $\sigma(r)$ den Verlauf [siehe z. B. (*38*)]

$$\sigma(r) = 1 - \frac{3}{4}\frac{r}{R} + \frac{1}{16}\left(\frac{r}{R}\right)^3 \qquad 0 < r < 2R\,. \tag{6.5}$$

Abb. 19 zeigt die Punkte $t\sigma(r_i)$, wie sie aus den Gln. (6.3) und (6.4) mit den Werten der Tab. 5 berechnet wurden. Zugleich ist die Funktion $t\sigma(r)$ nach (6.5) für einen Komplexdurchmesser $2R = 3a_0$ eingetragen. In allen Fällen ist t gleich 1/3 gesetzt. Die Meßpunkte nach (6.3) zeigen gute Übereinstimmung mit der Kurve, so daß folgendes Ergebnis erhalten wird:

Beim Abschrecken eines Mischkristalls CuAu von 500° in Wasser entstehen geordnete Keime vom Durchmesser $3a_0$, die etwa ein Drittel des gesamten Kristallvolumens erfüllen. Zwischen den Keimen besteht keinerlei Ordnung.

Eine ähnliche Keimbildung beim Abschrecken ist bei der Legierung Cu_3Au vorhanden. Auch hier zeigen die Streukurven ausgeprägte diffuse Maxima (Abb. 18). Die fortschreitende Ausbildung des geordneten Zustandes soll hier nicht näher betrachtet werden. Ein Überblick über diese Vorgänge ist z. B. von GUTTMAN (*53*) gegeben worden.

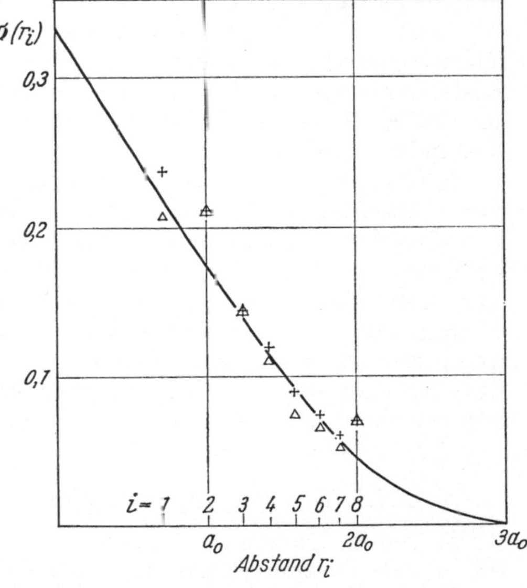

Abb. 19. Die Funktion $t\sigma(r_i)$ mit $t = 1/3$. + Berechnung nach Gl. (6.3); △ Berechnung nach Gl. (6.4); —— Berechnung nach Gl. (6.5)

6.2 Legierungen mit Ausscheidungsphasen

Hier sollen Vorgänge behandelt werden, die in übersättigten Mischkristallen stattfinden, die einem zweiphasigen Endstadium zustreben. Vorbedingung solcher Untersuchungen ist eine zunehmende Löslichkeit des Zusatzelementes mit steigender Temperatur. In Abb. 20 sind zwei

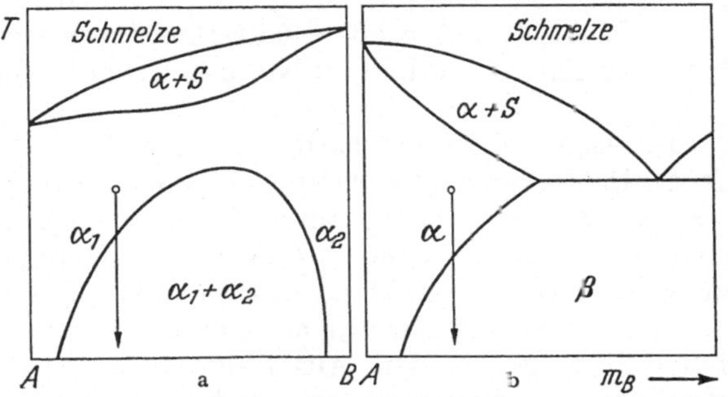

Abb. 20. Schematische Zustandsdiagramme für Legierungen mit Ausscheidungsphasen. a) Legierung mit Mischungslücke; b) Legierung mit normaler Ausscheidung. Die eingezeichneten Pfeile deuten die Herstellung übersättigter α-Mischkristalle durch rasches Abschrecken an

mögliche Zustandsdiagramme von Legierungen dargestellt, die dieser Bedingung entsprechen. In Abb. 20a hat die Legierung bei hohen Temperaturen eine lückenlose Mischkristalleihe, während bei tiefen

Temperaturen eine Mischungslücke vorhanden ist. Der Mischkristall α zerfällt in zwei Komponenten α_1 und α_2, die sich nur in ihrer Gitterkonstanten, jedoch nicht in ihrer Struktur unterscheiden. In Abb. 20b ist ein System gezeigt, bei dem aus dem Mischkristall α eine zweite Phase β mit einer anderen Struktur ausgeschieden wird. In beiden Fällen ist es möglich, durch Abschreckung der Legierung aus dem homogenen Mischkristallbereich in das Zweiphasengebiet einen übersättigten Mischkristall zu erhalten. In diesem finden in Abhängigkeit von Temperatur und Zeit Zustandsänderungen statt.

Zunächst sollen die sog. Seitenbandstrukturen behandelt werden. Es sind plattenförmige Entmischungsbereiche, die in zahlreichen Legierungen gefunden wurden, vorzugsweise in solchen vom Typ Abb. 20a. Anschließend werden Entmischungsstrukturen von Legierungen des Typs Abb. 20b beschrieben, die unter dem Namen Guinier-Preston-Zonen bekannt sind. Vielfach werden sie auch als Vorstadien der Ausscheidung (pre-precipitation states) bezeichnet. In allen Fällen handelt es sich um Entmischungskomplexe, deren Zusammenhang mit dem Mischkristallgitter schematisch in Abb. 1a gezeigt wurde.

6.2.1. Die Streuung plattenförmiger Entmischungsbereiche

Bei einer Legierung Cu_4FeNi_3, die bei Temperaturen unterhalb 800° C eine Mischungslücke aufweist, fand Bradley (*9*) bei einer zunächst homogenisierten, abgeschreckten und dann bei 650° C ausgelagerten Probe einen merkwürdigen Effekt. Er beobachtete auf Debye-Scherrer-Aufnahmen intensive Seitenbänder, die jede Linie des Mischkristalls begleiten. Nach längerer Glühung verschwanden diese Bänder; es erschienen Linien, die zwei tetragonal verzerrten Phasen mit unterschiedlichen c-Achsen und gleicher-a-Achse zugeordnet werden konnten. Nach noch längerer Glühzeit entstand der Gleichgewichtszustand in Gestalt zweier kubisch flächenzentrierter Gitter, von denen das kupferreiche eine um 0,02 bis 0,06 Å größere Gitterkonstante besaß als das andere. Untersuchungen am System Cu-Ni-Co lieferten ähnliche Ergebnisse (*28*).

Daniel und Lipson (*18, 19*) beschäftigten sich mit der Deutung dieser Seitenbänder. Da die beteiligten Atome alle etwa gleiche Streuamplituden besitzen, muß die Streuung durch Gitterverzerrungen erklärt werden. Es wurde daher angenommen, daß mit der Entmischung eine eindimensionale Gitterverzerrung Hand in Hand geht. Aus der Schärfe und Intensität der Seitenbänder wurde auf eine periodische Anordnung der verzerrten Gebiete geschlossen. Aus Einkristallaufnahmen konnte auf Grund der Lage der Seitenreflexe die Richtung der Verzerrung bestimmt werden.

So kam man zu dem Modell eines kubischen Gitters, dessen Gitterkonstante in der $\mathbf{a}_3$-Richtung periodisch um den Mittelwert a_0 entsprechend einer sinus-Funktion schwankt. Aus der Lage der Seitenbänder ließen sich Aussagen über die Periodenlänge der Schwankungen machen (etwa 70 bis 400 Å), die mit der Auslagerungszeit kontinuierlich zunahm.

Aus dem Intensitätsverhältnis der Hauptlinie zu den Seitenbändern sollten Aussagen über die Größe der auftretenden Verzerrungen möglich sein. Während die Lage der Seitenbänder bei allen Linien die gleiche Periodizität lieferte, gab es bei der Bestimmung der Verzerrung erhebliche Abweichungen von Linie zu Linie. Dies wurde auf die verhältnismäßig hohe Extinktion zurückgeführt.

HARGREAVES (*55*) hält die sinus-förmige Schwankung der Gitterkonstante für wenig wahrscheinlich und schlägt einen periodischen Wechsel der Gitterkonstanten in der a_3-Richtung zwischen zwei Werten a_I und a_{II} vor (periodische tetragonale Gitterverzerrungen). Die Bereiche I und II sind dabei (aus mathematischen Gründen) gleich groß. Dieses Modell gibt für die Seitenbänder beiderseits einer Hauptlinie gleiche Intensitäten. Tatsächlich beobachteten HARGREAVES und später BIEDERMANN und KNELLER (*5*) bei Untersuchungen anderer Legierungen in den Systemen Cu-Ni-Co jedoch ungleiche Schwärzungen beiderseits jeder Röntgenlinie und führten dies auf die ungleiche Dicke der Bereiche I und II zurück.

Die gleichen Beugungseffekte wurden von MANENC (*71*, *74*) an Nickel-Legierungen gefunden. Abb. 21 zeigt die Debye-Scherrer-Aufnahme einer Ni-Mo-Si-Legierung. Die Seitenbänder beiderseits der Debye-Scherrer-Linien sind in diesem Fall fast gleich intensiv.

Von TIEDEMA, BOUMAN und BURGERS (*89*) wurde das System Gold-Platin eingehend untersucht, das ebenfalls ein Seitenbandstadium zeigt. Sie fanden, daß das Intensitätsverhältnis der Seitenbänder eine Funktion der Konzentration der Legierungspartner ist. Die Autoren geben für ein Modell, bei dem die Bereiche I und II unterschiedlicher Gitterkonstanten verschieden dick sind, eine Streuformel an, die ungleiche Intensitäten der Seitenbänder beiderseits einer Hauptlinie liefert*.

Diese Berechnung soll hier in etwas anderer Form durchgeführt werden unter der zusätzlichen Annahme, daß die verschiedenen Gitterbereiche infolge der unterschiedlichen Konzentrationen der beteiligten

Abb. 21. Pulverdiagramm einer Ni-Mo-Si-Legierung (*74*). Legierung mit 7,5% Mo und 5% Si, 4 Std bei 650° C ausgelagert. Monochromatische Cu Kα-Strahlung

Atome verschieden stark streuen. Bei den bisher untersuchten Systemen unterscheiden sich die Streuamplituden der beteiligten Atome nur sehr wenig voneinander, weshalb dieser Einfluß vernachlässigt werden konnte.

Das Modell der Atomanordnung, Abb. 22, sieht folgendermaßen aus: Im kubischen Gitter des Mischkristalls entstehen durch Entmischung plattenförmige Bereiche I und II, die tetragonal in Richtung a_3 verzerrt

* Anmerkung bei der Korrektur: Ähnliche Rechnungen wurden bereits früher von BALLI und ZAKHAROVA für das System Cu-Ni-Fe durchgeführt [Doklay Akad. Nauk. SSSR **96**, 453 (1954)].

sind. Diese Bereiche folgen periodisch aufeinander, wobei ein Plattenpaar I und II die Periode bildet. Die Periodenlänge ist $L a_3$. Der Bereich I hat dabei eine Dicke $c L a_{\mathrm{I}}$ mit einer tetragonalen Gitterkonstanten $a_{\mathrm{I}} = (1 + \varepsilon_{\mathrm{I}}) a_3$ in dieser Richtung. Der folgende Bereich II hat eine Dicke $(1 - c) L a_{\mathrm{II}}$ und eine Gitterkonstante $a_{\mathrm{II}} = (1 + \varepsilon_{\mathrm{II}}) a_3$. An den Grenzen zwischen den Bereichen habe die Gitterkonstante den Betrag $a_g = (1 + \varepsilon_g) a_3$. Um zu einfachen Formeln zu gelangen, macht man die Annahme

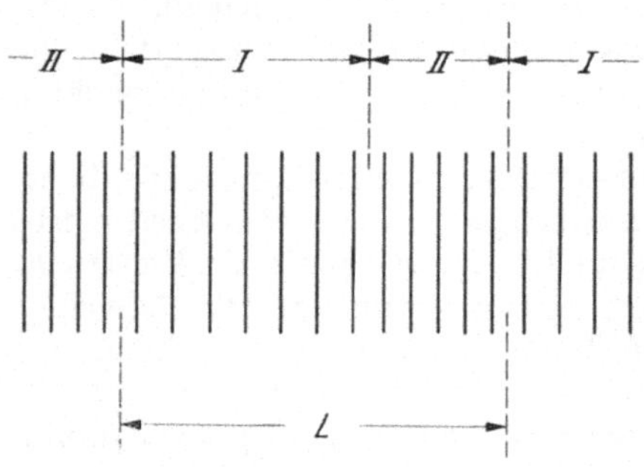

Abb. 22. Schematische Darstellung eines periodischen Schichtmodells mit Gitterverzerrungen

$$\varepsilon_g = \frac{\varepsilon_{\mathrm{I}} + \varepsilon_{\mathrm{II}}}{2} . \tag{6.6}$$

Der kohärente Zusammenhang der Komplexe mit dem kubischen Grundgitter gibt dann für die Konstanten ε_{I} und $\varepsilon_{\mathrm{II}}$ die Bedingung

$$c \varepsilon_{\mathrm{I}} + (1 - c) \varepsilon_{\mathrm{II}} = 0 . \tag{6.7}$$

Die mittleren Streuamplituden der Atome in den Bereichen seien f_{I} bzw. f_{II}, die mit der mittleren Streuamplitude $\bar{f}$ des Mischkristalls durch die Gleichung

$$\bar{f} = c f_{\mathrm{I}} + (1 - c) f_{\mathrm{II}} \tag{6.8}$$

verknüpft sind. Von diesem Modell müssen die Atomverschiebungen u_{n_3} der Atome von den Gitterplätzen des Grundgitters berechnet werden [vgl. (3.3)]. Zweckmäßig wird der Bereich I negativen und der Bereich II positiven n_3-Koordinaten zugeordnet. Man findet dann für die Verschiebungen:

$$\begin{aligned} u_{n_3} &= \varepsilon_{\mathrm{I}} (n_3 + 1) - \varepsilon_g \quad &&\text{für} \quad -cL \leqq n_3 \leqq -1 \\ u_{n_3} &= \varepsilon_{\mathrm{II}}\, n_3 &&\text{für} \quad 0 \leqq n_3 \leqq (1 - c) L - 1 . \end{aligned} \tag{6.9}$$

Die Periodizität der Anordnung wird durch die Bedingung

$$u_{n_3} = u_{n_3 + \varkappa L} \quad \text{mit} \quad \varkappa = 1, 2, 3 \ldots M$$

festgelegt, wobei M die Gesamtzahl aller Perioden ist.
Für die Streuamplitude $F(h_3)$ erhält man unter Fortlassung des Index 3 und mit der Schreibweise $h_3 = H_3 + g_3$ die Gleichung (*34*)

$$\begin{aligned} F(h) = C(h_1, h_2) \Big\{ & f_{\mathrm{I}} \frac{\sin[\pi c L (g_3 + \varepsilon_{\mathrm{I}} h_3)]}{\sin \pi (g_3 + \varepsilon_{\mathrm{I}} h_3)} + \\ & + f_{\mathrm{II}} \frac{\sin[\pi (1 - c) L (g_3 + \varepsilon_{\mathrm{II}} h_3)]}{\sin \pi (g_3 + \varepsilon_{\mathrm{II}} h_3)} \exp(\pi i L g_3) \Big\} \frac{\sin \pi L M g_3}{\sin \pi L g_3} . \end{aligned} \tag{6.10}$$

Der Faktor $C(h_1, h_2)$ steht für die Aufsummierung in den anderen beiden Richtungen n_1 und n_2. Er beschränkt die Streuerscheinungen auf die ganzzahligen Koordinaten $h_1 = H_1$ und $h_2 = H_2$. Der letzte Faktor in (6.10) berücksichtigt die periodische Anordnung der Schichten. Ist die Zahl M der Perioden hinreichend groß, so beschränkt dieser Faktor die

Streuamplitude auf die Umgebung der Stellen

$$g_3 = g_\nu = \nu/L \quad \text{mit} \quad \nu = 0, \pm 1, + 2, \ldots \tag{6.11}$$

Für alle anderen g_3-Werte ist sie praktisch gleich Null. Setzt man g_ν an Stelle von g_3 in (6.10) ein, so läßt sich das zweite Glied in der Klammer unter Verwendung der Beziehung (6.6) umschreiben in

$$-f_{II}\,\frac{\sin[\pi c L (g_3 + \varepsilon_I h_3)]}{\sin \pi (g_3 + \varepsilon_{II} h_3)}\,. \tag{6.12}$$

Quadriert man die Gleichung (6.10) und integriert über die nähere Umgebung jeder Stelle g_ν, so erhält man die Integralintensität $\bar{I}$ jedes dieser Nebenreflexe (N = Gesamtzahl aller Atome):

$$\begin{aligned} \bar{I}(H_1, H_2, h_\nu) = \frac{N}{L^2}\,\frac{\sin^2[\pi c L (g_\nu + \varepsilon_I h_\nu)]}{\sin^2[\pi (g_\nu + \varepsilon_I h_\nu) \sin^2[\pi (g_\nu + \varepsilon_{II} h_\nu)]} \times \\ \times \{f_I \sin[\pi (g_\nu + \varepsilon_{II} h_\nu) - f_{II} \sin[\pi (g_\nu + \varepsilon_I h_\nu)]\}^2\,. \end{aligned} \tag{6.13}$$

Gl. (6.13) setzt sich, ähnlich wie die diffuse Streuung I_M des Mischkristalls (5.12), zusammen aus drei Gliedern. Die Übereinstimmung kommt noch besser zum Ausdruck, wenn die sinus-Terme in der Klammer durch die ersten Glieder ihrer Reihenentwicklung ersetzt werden, was für kleine g_ν und Verzerrungskonstanten ε erlaubt ist:

$$\begin{aligned} \bar{I}(H_1, H_2, h_\nu) = \frac{N}{L^2}\, q(cL, g_\nu, \varepsilon h_\nu) \times \\ \times \pi^2 \left\{(f_I - f_{II})\, g_\nu - [c f_I + (1-c) f_{II}]\, \frac{\varepsilon_I}{1-c}\, h_\nu\right\}^2, \end{aligned} \tag{6.14}$$

wobei die Funktion q als Abkürzung für den Quotienten in (6.13) steht. Für $f_I = f_{II}$ ist (6.13) mit der von TIEDEMA u. a. (*89*) berechneten Formel nahezu identisch. Von Extremfällen abgesehen, fällt q mit wachsendem g_ν rasch ab, weshalb die Näherung (6.14) vielfach erlaubt ist. Die Gln. (5.12) des Mischkristalls und (6.14) des Entmischungsmodells unterscheiden sich in folgenden Punkten:

1. (6.14) ist die Streuung einer periodischen Gitterstörung. Dementsprechend ist die Streuung nicht kontinuierlich, sondern auf einzelne äquidistante Punkte im reziproken Gitter beschränkt.

2. Die Atomverteilung und Gitterverzerrung des Entmischungsmodells ist eindimensional angenommen, während die Verzerrung des Mischkristalls radial angesetzt ist. Demzufolge ist die Streuung in (6.14) auf Gittergeraden ($H_1\, H_2\, h_3$) angeordnet, während sie in (5.12) radial verteilt ist, wie z. B. Abb. 16 zeigt.

3. Im Mischkristall wird die Streuung von einzelnen Atomen hervorgerufen, die klein sind im Vergleich zu der Reichweite der sie umgebenden Verzerrungsfelder. Demzufolge ist in (5.12) die Streuung I_L über das ganze reziproke Gitter verteilt (wegen der Kleinheit der Atome), während I_V wegen der weitreichenden Verzerrungsfelder auf die nächste Umgebung der Kristallreflexe beschränkt ist. Im periodischen Entmischungsmodell wird die Streuung von großen Entmischungsbereichen I und II hervorgerufen (von dem Extremfall $c \ll 1$ abgesehen), deren Ausdehnung von der gleichen Größenordnung ist wie das sie umgebende Verzerrungsfeld.

Demzufolge sind alle Streuanteile in (5.12) auf die nähere Umgebung der Mischkristallreflexe beschränkt (von dem genannten Extremfall abgesehen).

Die Intensitätsverteilung nach Gl. (6.13) bzw. (6.14) soll nun für einige Fälle diskutiert werden. Die Intensität der Hauptreflexe, die für $g_\nu = 0$ gegeben ist, berechnet sich nach (6.14) näherungsweise zu

$$\bar{I}(H_1 H_2 H_3) = N \bar{f}^2 \exp\left[-\frac{1}{3}(\pi\, c L \varepsilon_{\mathrm{I}} H_3)^2\right]. \tag{6.15}$$

Da im allgemeinen drei Orientierungen der plattenförmigen Bereiche beobachtet werden, ist in Gl. (6.15) die Größe H_3^2 durch $\frac{1}{3}(H_1^2 + H_2^2 + H_3^2)$ zu ersetzen. Der Exponentialfaktor entspricht dann der Größe $2M'$ des Mischkristalls in Gl. (5.15).

Für die Intensität der Nebenreflexe sind folgende Fälle zu unterscheiden:

$$\text{a)}\ f_{\mathrm{I}} \approx f_{\mathrm{II}}\,; \quad \varepsilon_{\mathrm{I}} \neq 0\,.$$

Die Streuamplituden der beteiligten Atome unterscheiden sich kaum, es sind nur verschiedene Gitterparameter vorhanden. Die bisher untersuchten Legierungen Cu-Ni-Fe (*5, 18, 19, 55*), Cu-Ni-Co (*5, 28*) und Au-Pt (*89*) gehören hierher. Entsprechend den Faktoren im Nenner nehmen die Seitenreflexe mit wachsender Ordnungszahl ν in erster Näherung umgekehrt proportional zu ν^4 ab. Deshalb ist im allgemeinen nur die erste Ordnung $\nu = \pm 1$ zu sehen. In der Klammer von (6.14) spielt nur das zweite Glied eine Rolle, die Intensität nimmt daher proportional zu h_3^2 zu. Bei allen Hauptreflexen mit dem Index $H_3 = 0$ sind daher keine Nebenreflexe zu beobachten.

Die Intensität der Seitenreflexe beiderseits von einem Hauptreflex ist nicht die gleiche. Welcher Reflex intensiver ist, hängt von dem Betrag von c und vom Vorzeichen von ε_{I} ab. Ist $c < 0{,}5$ und $\varepsilon_{\mathrm{I}} > 0$, so ist derjenige Seitenreflex intensiver, der auf der Seite größerer Beugungswinkel von einem Hauptreflex liegt. In diesem Fall sind die Platten I mit großer tetragonaler Achse dünner als die mit kürzerer Achse. Sie streuen wegen ihrer größeren Gitterkonstanten a_{I} bevorzugt zu kleineren Winkeln, die Bereiche II dagegen zu größeren Winkeln hin. Da letztere den größeren Volumenanteil haben, ist es verständlich, daß die Intensitätsunterschiede auftreten. Diese Abschätzung ist jedoch nur qualitativ richtig, quantitativ entspricht das Intensitätsverhältnis nicht dem Volumenverhältnis $c/(1-c)$. Für den Fall $c = 0{,}5$ sind die Seitenreflexe gleich intensiv.

In einem Einkristall gibt es drei verschiedene Orientierungen der periodischen Bereiche. Dementsprechend findet man in allen drei Gitterrichtungen h_1, h_2 und h_3 Seitenreflexe. In Abb. 23 ist die erste Ordnung von ihnen in der $(0\, h_2\, h_3)$-Ebene schematisch dargestellt. Die Größe der Punkte ist dabei ein Maß für die Integralintensität.

$$\text{b)}\ f_{\mathrm{I}} \neq f_{\mathrm{II}}\,; \quad \varepsilon_{\mathrm{I}} = 0\,.$$

Die Streuamplituden der Bereiche I und II sind unterschiedlich, die Gitterparameter jedoch gleich. Dieser Fall wird praktisch nicht vorkommen, da ein wesentlicher Faktor für die Ausbildung plattenförmiger Entmischungsbereiche gerade Gitterverzerrungen sind. Zum allgemeinen Verständnis soll er jedoch diskutiert werden:

In der eckigen Klammer von Gl. (6.14) tritt nur das zweite Glied auf. Die Intensität ist unabhängig von h_3 und nur eine Funktion der Ordnungszahl ν. Bei allen Gitterpunkten treten daher die Nebenreflexe gleich

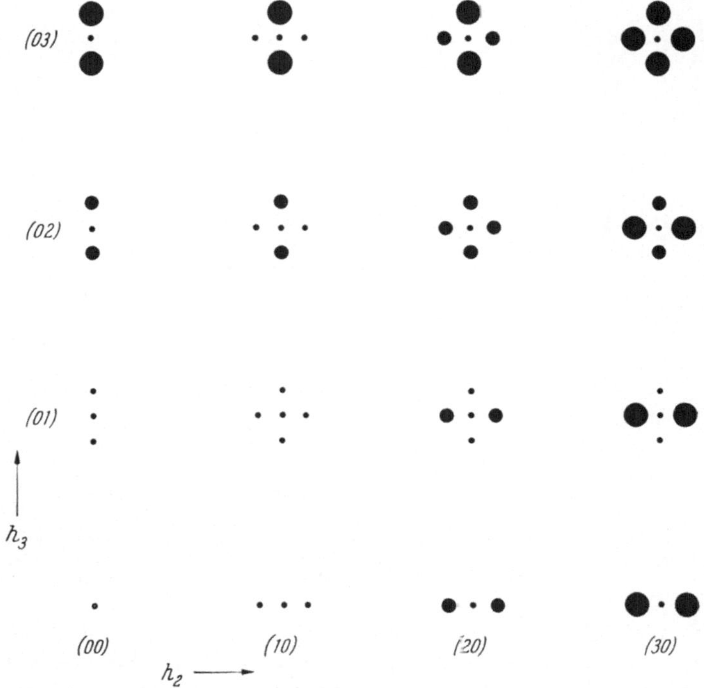

Abb. 23. Normierte Intensitätsverteilung $I' = I/f^2$ der Seitenreflexe erster Ordnung in der Ebene $(0\,h_2 h_3)$ für den Fall $f_{\mathrm{I}} = f_{\mathrm{II}}$, $c = 0{,}5$. Die Größe der Punkte ist ein Maß für die Intensität

intensiv auf, und zwar symmetrisch beiderseits der Kristallreflexe*. Sie sind auch in der Umgebung des Punktes (000) vorhanden, also im Kleinwinkelgebiet der Röntgenstreuung. Die Intensität nimmt mit wachsender Ordnungszahl weniger rasch ab als im Fall a) und ist unabhängig von der Periodenlänge L.

$$\text{c)}\quad f_{\mathrm{I}} \neq f_{\mathrm{II}}\,; \quad \varepsilon_{\mathrm{I}} \neq 0\,.$$

Dieser allgemeine Fall trifft auf die von MANENC gefundenen Seitenbandstrukturen in den nickelreichen Legierungen mit Al, Al + Ti, Cu + Si und Mo + Si zu (*72, 73, 74*). Diese Systeme zeigen keine Mischungslücken, die ausgeschiedenen Phasen haben jedoch die gleiche kubisch

* Die Winkelabhängigkeit der Streuamplituden f ist nicht berücksichtigt. Diese bewirkt selbstverständlich immer eine Abnahme der Streuintensität mit zunehmendem Beugungswinkel.

flächenzentrierte Struktur mit etwas unterschiedlicher Gitterkonstanten (siehe Tab. 7). Es treten hier genau wie bei der diffusen Streuung des ungesättigten Mischkristalls drei Streuanteile auf, die proportional zu $(f_{\rm I}-f_{\rm II})^2$, $\bar{f}^2$ und $\bar{f}(f_{\rm I}-f_{\rm II})$ sind. Die Intensität der Seitenreflexe ändert sich in diesem Falle immer mit dem Vorzeichen der Ordnungszahl ν. Eine Ausnahme bilden nur die Seitenreflexe aller Punkte $H_3=0$, da dort nur das Glied mit dem Faktor $(f_{\rm I}-f_{\rm II})^2$ einen wesentlichen Beitrag liefert.

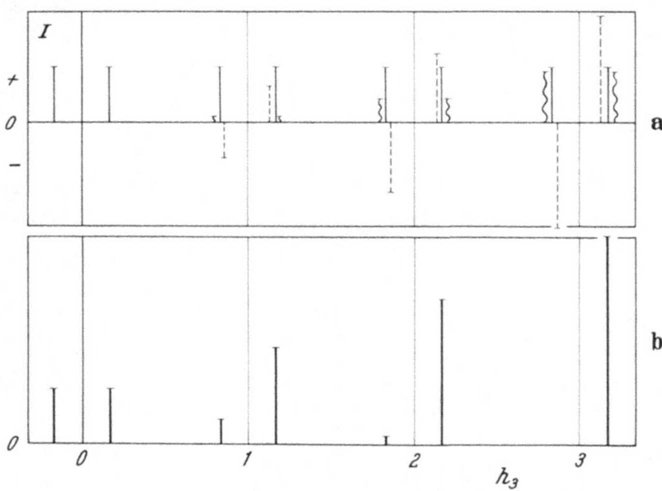

Abb. 24a u. b. Normierte Intensitätsverteilung $I' \sim I/\bar{f}^2$ der Seitenreflexe erster Ordnung längs der Gittergeraden $(0\,0\,h_3)$ für den Fall $f_{\rm I} > f_{\rm II}$, $\varepsilon_{\rm I} < 0$, $c = 0{,}5$. a) Die drei Streuanteile I'_L (ausgezogen), I'_V (Schlangenlinie) und I'_K (gestrichelt); b) Die Gesamtintensität $I' = I'_L + I'_V + I'_K$

Abb. 24 zeigt den Einfluß der drei Terme auf die Intensität der Seitenbänder. Es ist der Fall $c=0{,}5$; $f_{\rm I} > f_{\rm II}$; $\varepsilon_{\rm I} < 0$ dargestellt. Die erste Bedingung gibt die Symmetrie der beiden quadratischen Terme für $\nu = \pm 1$. Wie die Seitenbänder des Reflexes $H_3 = 1$ zeigen, ergibt bereits ein kleiner Beitrag des Verzerrungsterms eine große Asymmetrie der Intensitätsverteilung.

Bei Pulveraufnahmen überlagern sich die Seitenreflexe der verschiedenen Orientierungen, es entstehen Seitenbänder. Aus dem Bandabstand $\Delta(2\Theta)$ von der Hauptlinie läßt sich die Periodenlänge L berechnen (*19*):

$$L = \frac{2\,H_i \operatorname{tg}\Theta_H}{H^2\,\Delta(2\,\Theta)}\,; \qquad i = 1, 2, 3 \tag{6.16}$$

(Θ_H ist der Braggsche Winkel der Hauptlinie. $H^2 = H_1^2 + H_2^2 + H_3^2$).

Die Seitenbänder der verschiedenen Orientierungen haben nur dann den gleichen Abstand von der Hauptlinie, wenn diese eine Indizierung $(H_0H_0H_0)$ hat. Im Fall a) kann bei den Linien $(0H_0H_0)$ und $(0\,0H_0)$ der Seitenbandabstand ebenfalls bestimmt werden. In allen anderen Fällen überlappen sich die Bänder unterschiedlicher Orientierungen, so daß eine diffuse Linie entsteht, deren Abstand undefiniert ist.

Die Bestimmung des Volumenverhältnisses $c/(1-c)$ der Bereiche I und II sowie der Größe der Gitterkonstantenänderung ε_I stößt auf Schwierigkeiten. Für das Volumenverhältnis kann man die Annahme machen, daß es dem Verhältnis der stabilen Endphasen bei der jeweiligen Temperatur entspricht. Den Parameter ε_I kann man dann bei unterschiedlicher Intensität des linken und rechten Seitenbandes einer Linie aus dem Intensitätsverhältnis bestimmen (*89*). Die Autoren fanden für eine Legierung Au + 80 At.-% Pt bei 600° C: $c = 0{,}23$; $\varepsilon_I = +0{,}0128$; $\varepsilon_{II} = -0{,}004$. Der Bereich I ist dabei der goldreiche.

Schwieriger wird es, wenn ein Intensitätsvergleich zwischen Haupt- und Seitenlinie herangezogen wird. DANIEL und LIPSON (*18*) fanden schlechte Übereinstimmung zwischen Theorie und Experiment und führten dies auf Extinktionseffekte zurück (*19*). HARGREAVES (*55*) nimmt dagegen an, daß sich nur ein bestimmter Volumenanteil entmischt. Er setzt c und ε_I als bekannt voraus und berechnet den Volumenanteil der entmischten Gebiete aus dem Intensitätsverhältnis. Gegen diese Deutung sprechen jedoch magnetische Messungen von BIEDERMANN und KNELLER (*5*). Auf Grund ihrer Untersuchungen muß man annehmen, daß die Legierung bereits nach dem Abschrecken aus dem Mischkristallbereich vollständig entmischt ist. Röntgenuntersuchungen an anderen Legierungen weisen ebenfalls darauf hin, daß eine vollständige Entmischung bald nach dem Abschrecken erreicht ist (siehe Abschnitt 6.2.5).

Von anderen Autoren, so vor allem von GUINIER (*48*), wurde gezeigt, daß die beobachteten Seitenbänder nicht unbedingt eine periodische Anordnung von entmischten Bereichen als Voraussetzung haben. Er gibt ein nichtperiodisches Modell an, bei dem ein einzelner Bereich I beiderseitig von je einem halben Bereich II umgeben ist. Solche Entmischungsgebiete liegen regellos verteilt im übersättigten Mischkristall und sind leicht in der Lage, im Verlauf der Auslagerung zu wachsen, was eine Verschiebung der Seitenbänder in Richtung auf die Hauptlinie zur Folge hat. Im Fall der periodischen Anordnung bedeutet die experimentell beobachtete Verschiebung der Seitenbänder eine kontinuierliche Zunahme der Periodenlänge, was schwieriger zu erklären ist als das Wachstum der nicht periodischen Bereiche in den übersättigten Mischkristall hinein.

Wie oben gezeigt wurde, ist mindestens in einer Reihe von Legierungen anzunehmen, daß das gesamte Kristallvolumen entmischt ist. Man kommt dann zu der Vorstellung, daß viele nichtperiodische Bereiche kontinuierlich aneinandergereiht sind, wodurch quasiperiodische Bereiche begrenzter Periodenzahl mit schwankender Periodenlänge entstehen. Diese Struktur liegt zwischen dem gerechneten periodischen Modell und der Guinierschen Atomanordnung und kommt vermutlich der tatsächlichen Atomverteilung am nächsten. Gestützt wird diese Vermutung durch die elektronenmikroskopische Beobachtung, wonach die Periodenzahl ungefähr 10 ist und die Schwankungen der Periodenlänge etwa 10% beträgt (*5*).

Eine Abnahme der Periodenzahl M führt zu einer Verbreiterung der Nebenreflexe. Bei sehr starker Verbreiterung kann auch eine räumliche Verschiebung der Seitenreflexe eintreten, so daß die Seitenbänder beiderseits einer Hauptlinie nicht mehr den gleichen Abstand haben. Unter Verwendung des von Guinier angegebenen Entmischungsmodells konnte Manenc (*75*) durch Rechnung zeigen, daß eine entsprechende Verschiebung eintritt. Bei einer Legierung Cu + 4,2% Ti konnten von ihm diese ungleichen Abstände experimentell beobachtet werden.

Trotz dieser Einschränkungen behalten die Gln. (6.13) und (6.14) ihren Wert, weil sie einen guten Überblick über die verschiedenartigen Einflüsse auf die Streuerscheinung geben, die das Verständnis komplizierterer Streudiagramme wesentlich erleichtern. Sie werden uns auch im nächsten Abschnitt noch wesentliche Dienste leisten.

Ähnliche Beugungseffekte wie die soeben besprochenen konnten auch an einer CoPt-Legierung beobachtet werden (*79a*), die eigentlich zu den im Abschnitt 6.1 behandelten Legierungen gehört. Bei Einkristallaufnahmen treten in der Umgebung der Mischkristallreflexe Intensitätsstreifen auf, die in {110}-Richtungen verlaufen. Sie sind zu Beginn des Ordnungsvorganges in der Legierung zu finden, bei dem sich plattenförmige geordnete Bereiche parallel zu den {110}-Netzebenen ausbilden. Als Ursache der Streuung werden Gitterverzerrungen zwischen benachbarten geordneten und ungeordneten Bereichen angegeben. Vermutlich rühren sie auch von Gitterverzerrungen zwischen benachbarten geordneten Platten mit unterschiedlicher Ordnungsorientierung her.

6.2.2. Die Streuung flächenhafter Entmischungsbereiche

Solche Entmischungszonen sind in den Legierungen Al-Cu und Cu-Be gefunden worden. Ihre Entdeckung geht auf Guinier (*44*) und Preston (*83*) zurück, weshalb diese Zonen den Namen Guinier-Preston-Zonen erhalten haben. Die Autoren fanden auf Einkristallaufnahmen von einer aluminiumreichen Al-Cu-Legierung, die nach dem Abschrecken mehrere Tage bei Raumtemperatur ausgelagert worden war, neben den Kristallreflexen diffuse Streifen längs Gittergeraden $\{H_1 H_2 h_3\}$, die sie flächenhaften Ansammlungen von Kupferatomen auf {002}-Netzebenen zuordneten. In der Folgezeit wurde die Intensitätsverteilung in diesen Streifen näher analysiert. Vor allem Guinier und seine Schule (*10, 38, 45, 46, 47*) haben sich mit der Struktur dieser Zonen eingehend beschäftigt. Abb. 25 zeigt eine Einkristall-Schwenkaufnahme von Graf (*38*), auf der die Streifen von zwei der drei möglichen {002}-Orientierungen zu sehen sind. Die Streifen der dritten

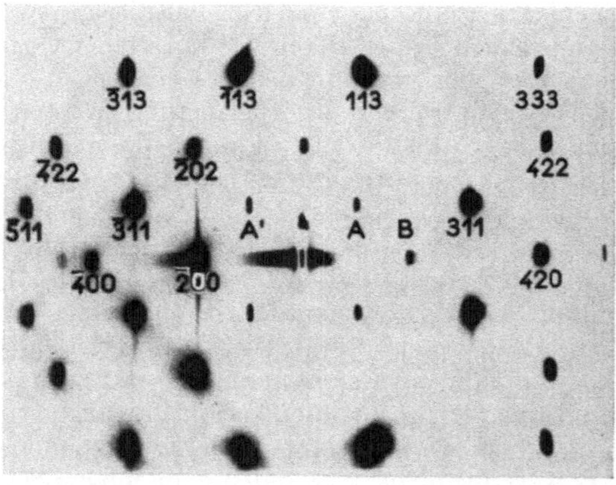

Abb. 25. Einkristallschwenkaufnahme eines Al-Cu-Mischkristalls mit monochromatischer MoKα-Strahlung (*38*). Legierung mit 1,6 At.-% Cu. Horizontale und vertikale Streifen sowie die Punkte bei *A*, *A'* und *B* rühren von Guinier-Preston-Zonen her. In der linken Bildhälfte sind schwach diagonale Streifen der Temperaturstreuung zu erkennen

Orientierung verlaufen senkrecht dazu. Es sind daher nur ihre Durchstoßpunkte durch die Ewaldsche Ausbreitungskugel zu sehen, die auf den Filmen die Schwärzung bei A, A' und B hervorrufen. Aus der Breite der Intensitätsstreifen findet man einen Durchmesser der Kupferebenen von

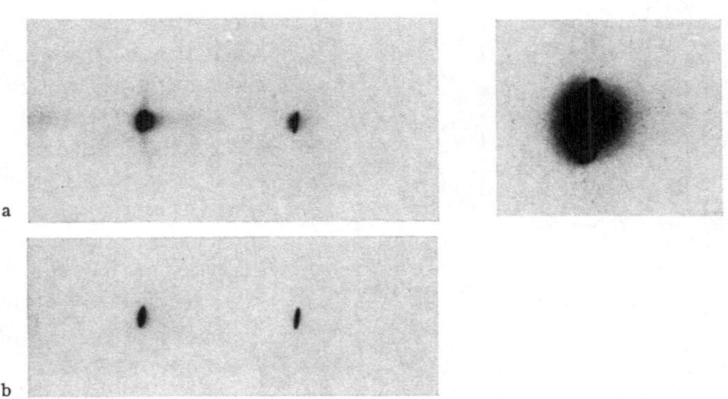

Abb. 26a u. b. Der (horizontale) Intensitätsstreifen ($0\,0\,h_3$) eines Al-Cu-Mischkristalls, aufgenommen mit monochromatischer CuKα-Strahlung. a) Kristall mit Guinier-Preston-Zonen. Streifen mit Intensitätsmaxima sichtbar. Rechts eine vergrößerte Abbildung des Reflexes (002). b) Kristall ohne Guinier-Preston-Zonen. Keine Streifen und Intensitätsmaxima sichtbar

etwa 50 Å bei Raumtemperatur, der mit der Auslagerungstemperatur bis auf etwa 100 Å zunimmt (*87*). Da die Konzentration der Kupferatome in den untersuchten Legierungen kleiner als 2 At.-% ist, kann eine regellose Verteilung der Zonen im Kristallgitter angenommen werden.

Bei seinen Untersuchungen fand Gerold (*30*), daß die Intensitätsstreifen charakteristische Maxima beiderseits der Mischkristallreflexe besitzen. Abb. 26 zeigt eine Schwenkaufnahme, auf der der Streifen ($00\,h_3$) zu sehen ist, der durch die Reflexe (002) und (004) hindurchgeht. Die eingehende Untersuchung ergab ein Beugungsdiagramm, wie es schematisch in Abb. 27 zu sehen ist.

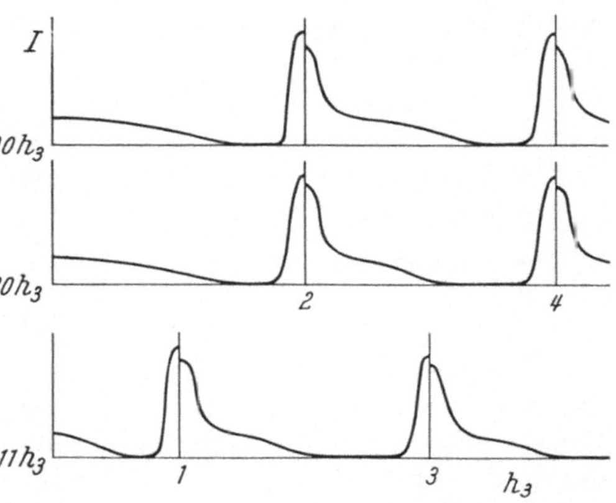

Abb. 27. Schematische Intensitätsverteilung der Streifen ($00\,h_3$), ($20\,h_3$) und ($11\,h_3$) eines Al-Cu-Mischkristalls mit Guinier-Preston-Zonen. Nach (*30*)

Charakteristisch ist die Schwächung der Streifen auf der negativen Seite der Reflexe. Ausgenommen sind hier nur diejenigen Gitterpunkte, deren dritter Index H_3 gleich Null ist.

Diese Variationen der Intensitätsverteilung sind der Gitterverzerrung zuzuschreiben, die durch die um etwa 10% kleineren Kupferatome entstehen. Es konnte ein Modell angegeben werden, das den experimentell gefundenen Intensitätsverlauf weitgehend wiedergibt (Abb. 28).

Zur Diskussion der Intensitätsverteilung soll die Gl. (6.14) herangezogen werden, die für eine periodische Entmischung in einer Dimension aufgestellt wurde. In dem hier vorliegenden Fall besteht die Entmischung jeweils nur aus einer Periode. Infolgedessen zerfließen die scharfen Seitenreflexe zu einer kontinuierlichen Intensitätsverteilung. Wenn man dies berücksichtigt, gibt Gl. (6.14) die Verteilung in der Umgebung der Kristallreflexe qualitativ recht gut wieder.

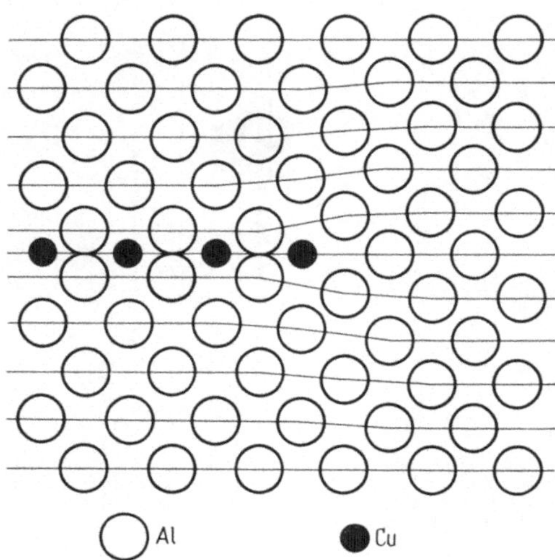

Abb. 28. Schnitt durch eine Guinier-Preston-Zone (30). Die Schnittebene ist (200). Die Kupferebene parallel zu (002) hat zur linken Seite eine dreimal größere Ausdehnung, die Gitterverzerrung in vertikaler Richtung eine drei- bis viermal größere Ausdehnung als gezeichnet

Die Periodenlänge L wird durch die Anzahl der verzerrten Netzebenen beiderseits der Kupferebene gegeben. Da nur eine einzelne Kupferschicht vorhanden ist, wird $cL = 1$. Damit vereinfacht sich Gl. (6.14) unter Verwendung der Beziehungen $\sin z \approx z$; $c \ll 1$; $\varepsilon_{II} \approx -c\varepsilon_I$:

$$\bar{I}(h_\nu) \sim \frac{g_\nu^2 (f_I - f_{II})^2 - 2\varepsilon_I (f_I - f_{II}) \bar{f} g_\nu h_\nu + \varepsilon_I^2 \bar{f}^2 h_\nu^2}{(g_\nu - c\varepsilon_I h_\nu)^2}. \tag{6.17}$$

Der Einfluß der verschiedenen Glieder dieser Gleichung auf die Streuung läßt sich folgendermaßen angeben:

Ohne Gitterverzerrung wäre

$$\tilde{I}(h_3) \sim (f_I - f_{II})^2$$

ein kontinuierlicher Streifen durch das rez. Gitter. Diese Verteilung wird durch die Gitterverzerrung modifiziert, wie es in Abb. 29 dargestellt ist. Das erste Glied von (6.17) gibt einen kontinuierlichen Intensitätsstreifen, der durch den Nenner geringfügig moduliert ist (Kurve I'_L). Das zweite Glied gibt den wesentlichen Beitrag der Intensitätsmodulation längs dieses Streifens (Kurve I'_K). Da dieser Beitrag für positive g positiv ist, muß ε_I negativ sein. Das dritte Glied ergibt die Intensitätsmaxima in der Nähe der Mischkristallreflexe (Kurve I'_V).

Um eine Abschätzung für die Größen ε_I und L zu erhalten, vereinfacht man Gl. (6.17) durch die Annahme: $f_I - f_{II} \approx f_{Cu} - f_{Al} \approx f_{Al} \approx \bar{f}$. Man erhält so:

$$\bar{J}(h_\nu) \sim \left[\frac{g_\nu - \varepsilon_I h_\nu}{g_\nu L - \varepsilon_I h_\nu}\right]^2.$$

Die Größe ε_{I} entnimmt man dem experimentellen Befund, daß die Intensität des Streifens an der Stelle $h_\nu = 1,6$ ($g_\nu = -0,4$) den Wert Null hat: $\varepsilon_{\mathrm{I}} = -0,25$. Aus Gl. (6.6) und (6.7) findet man unter Berücksichtigung des Wertes $cL = 1$ die übrigen Verzerrungskonstanten

$$\varepsilon_{\mathrm{II}} = \frac{0,25}{L-1} \quad \text{und} \quad \varepsilon_g \approx -0,125\,.$$

Da das Gebiet I nur aus einer einzelnen Kupferschicht besteht, tritt der Abstand a_{I} im Modell gar nicht auf. ε_{I} ist daher nur eine Rechengröße. $\varepsilon_g = -0,125$ gibt die Größenordnung der Verzerrung der beiden Netzebenenabstände, die der Kupferschicht benachbart sind.

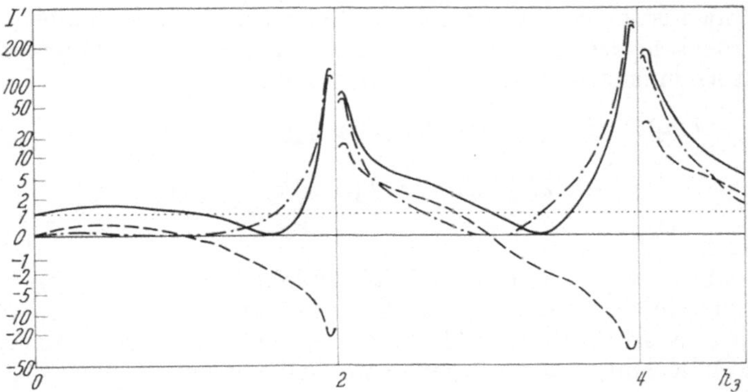

Abb. 29. Zerlegung der normierten experimentellen Streukurve $I' \sim I/f_{\mathrm{Al}}^2$ in die drei Anteile (schematisch) —— experimentelle Kurve I'; ····· Streuanteil I'_L; -·-·- Streuanteil I'_V; ---- Streuanteil I'_K

Eine Abschätzung für die Größe L erhält man aus dem Abstand der beiden Intensitätsmaxima vom Matrixreflex (002). Der Abstand ist ungefähr $g_\nu \approx \pm 0,05$. Das entspricht etwa der Lage der ersten Seitenbandreflexe mit $\nu = \pm 1$ nach Gl. (6.11). Daraus erhält man $L = 20$. Diese Zahl verdoppelt sich noch, da g_ν in Einheiten $1/a_0$ gemessen wird, während L die Zahl der (002)-Netzebenen darstellt, deren mittlerer Abstand nur $a_0/2$ ist. Damit erhält man $L = 40$. Zu einem ähnlichen Ergebnis kommt man, wenn man das Intensitätsverhältnis der beiden Maxima in Rechnung stellt, das ungefähr 0,6 ist.

Diese Abschätzungen zeigen, daß man schon mit einfachen Rechnungen ein Bild von der Atomanordnung in einer Guinier-Preston-Zone bekommen kann. In der Originalarbeit (*30*) wurde mit Streuformeln, die dem speziellen Modell angepaßt waren, gerechnet und gezeigt, daß mit $\varepsilon_g = -0,1$ und einer Verzerrung bis zu etwa 15 Netzebenen beiderseits der Kupferebene ($L = 30$) gute Übereinstimmung der Rechnung mit der experimentellen Streukurve zu erlangen ist.

Eine ähnliche Struktur der Guinier-Preston-Zonen ist vermutlich bei der kupferreichen Legierung Cu-Be vorhanden. Da hier die kleineren Berylliumatome auch die kleinere Streuamplitude besitzen, kehrt sich das Vorzeichen von $(f_{\mathrm{I}} - f_{\mathrm{II}})$ und damit auch das Vorzeichen des zweiten Gliedes in (6.17) um, das der Kurve I'_K in Abb. 29 entspricht. Die Intensitätsstreifen sind dann auf der positiven Seite der Kristallreflexe geschwächt und auf der negativen Seite verstärkt, wie es von GUINIER und JACQUET (*52*) auch beobachtet wurde. Die dem dritten Glied in (6.17) zuzuordnenden Maxima hingegen sind noch nicht gefunden worden. Dem stehen experimentelle Schwierigkeiten im Weg, da eine solche Untersuchung sehr gute Einkristalle erfordert, die bei dieser Legierung nur schwer herzustellen sind.

Da die Rechnung von GEROLD (*30*) auf einem speziellen Modell der Guinier-Preston-Zonen beruht, wurden Versuche unternommen, von einem allgemeineren Modell ausgehend zu einem Resultat zu kommen. Hier ist vor allem die Arbeit von TOMAN (*90*) zu nennen. Er führt zwei Parameter m_i und u_i ein, die die Konzentration der Kupferatome in der $i$ten Netzebene (002) und die Verschiebung dieser Netzebene angeben. Das Modell ist dabei zur Schicht $i = 0$ symmetrisch angenommen. Von dieser Struktur berechnet TOMAN die Streufunktion längs $(00h_3)$ und entwickelt sie in eine Summe von Fourierreihen:

$$I(h_3) = f_{\mathrm{Al}}^2 \Big\{ \sum_r A_r \cos \pi r h_3 - \pi h_3 \sum_r B_r \sin \pi r h_3 + + \pi^2 h_3^2 \sum_r C_r \cos \pi r h_3 - \pi^3 h_3^3 \sum_r D_r \sin \pi r h_3 \Big\}. \tag{6.18}$$

$(r = 0,1,2\ldots)$

Die Koeffizienten A_r, B_r usw. sind dabei Funktionen von $m_i\, f_{\mathrm{Cu}}/f_{\mathrm{Al}}$ und u_i. Diese gerechnete Streufunktion wird mit der experimentellen Kurve $I_{\exp}(h_3)$ eines Al-Cu-Einkristalls verglichen und die Koeffizienten A_r. B_r usw. so bestimmt, daß die folgende Minimalbedingung erfüllt wird:

$$M(h_3) = \int w(h_3)\,[I_{\exp}(h_3) - I(h_3)]^2\, d h_3 = \text{Minimum}. \tag{6.19}$$

Die Gewichtsfunktion $w(h_3)$ berücksichtigt dabei die Änderung der Meßgenauigkeit von $I_{\exp}$ mit h_3. Die Erfüllung der Minimalbedingung führt zu den Gleichungen

$$\frac{\partial M}{\partial A_r} = 0\,; \quad \frac{\partial M}{\partial B_r} = 0\,; \quad \text{usw.}$$

Durch die Lösung dieses Gleichungssystems ist es möglich, A_r, B_r usw. zu bestimmen und daraus die gesuchten Parameter m_i und u_i zu berechnen.

Die Methode ist mathematisch sehr elegant. In Tab. 6 ist das von TOMAN erhaltene Ergebnis mit dem von GEROLD (*30*) verglichen. Während GEROLD von einer einzelnen Kupferschicht ausgeht und ein weitreichendes Verschiebungsfeld u_i findet, erhält TOMAN ein weitreichendes Konzentrationsgebiet m_i der Kupferatome und ein kleines Verschiebungsfeld u_i.

Dieser völlig abweichende Befund beruht im wesentlichen auf einer nicht genügend genau gemessenen Streukurve (*33*). TOMAN findet in der Umgebung des Punktes (000) ebenfalls ein Maximum der Streukurve, ähnlich wie in der Umgebung von (002) und (004), das von keinem anderen Autor bestätigt wird. Daraus folgt sofort die ausgedehnte m_i-Verteilung von TOMAN und die Reduzierung der u_i-Verteilung. Die Maxima in der Nähe der Kristallreflexe werden dann ebenfalls durch die m_i-Verteilung hervorgerufen.

In einer späteren Arbeit hat TOMAN (*91*) festgestellt, daß sein Zonenmodell nicht haltbar ist. Auf Grund von quantitativen Intensitätsmessungen an der Stelle $h_3 = 2{,}5$ findet er, daß bei der Gültigkeit seines

Modells etwa $N = 10^{23}$ Kupferatome pro cm^3 in den Zonen vereinigt sein müßten, während nur $N_0 = 1{,}03 \times 10^{21}$ Kupferatome pro cm^3 in der Legierung vorhanden sind. Bei der Verwendung des Modells von Gerold findet er für die Zahl der Kupferatome bei verschiedenen Verzerrungsparametern

$$\varepsilon_g = 0{,}1 \quad \text{d. h.} \quad u_1 = 0{,}2\,\text{Å}: \quad N = 1{,}6 \times 10^{21}\,\text{cm}^{-3}$$

$$\varepsilon_g = 0{,}2 \quad \text{d. h.} \quad u_1 = 0{,}4\,\text{Å}: \quad N = 0{,}59 \times 10^{21}\,\text{cm}^{-3}\,.$$

Diese Atomzahlen N stimmen gut mit der Gesamtzahl aller Kupferatome N_0 überein. Die Streuung an der Stelle $h_3 = 2{,}5$ wird daher vorwiegend von den Gitterverzerrungen hervorgerufen, die im Modell von Gerold in der richtigen Größenordnung berücksichtigt sind.

Tabelle 6. *Konzentration m_i der Kupferatome und Netzebenenverschiebungen u_i.* Nach Toman (*90*) u. Gerold (*30*)

i	Modell Toman		Modell Gerold	
	m_i At. %	u_i Å	m_i At. %	u_i Å
0	100	0	100	0
1	50	7,88 10^{-2}	0	20,2 10^{-2}
2	39	3,11	0	18,8
3	30	0,69	0	17,4
4	23	0,06	0	15,9
5	17	0	0	14,5
6	13			13,1
7	9			11,7
8	6			10,3
9	4			8,9
10	2			7,5
11				6,1
12				4,6
13				3,2
14				1,8
15				0,4

In diesem Zusammenhang sei noch die Auswertung nach Doi (*22*) genannt, die bereits am Schluß des Abschnitts 5.2 erwähnt wurde. Sie wurde auch zur Strukturanalyse der hier behandelten Zonen verwandt (*23*). Da das Verfahren mit Streuamplituden an Stelle von Intensitäten arbeitet, ist es einfacher zu handhaben als die Methode von Toman. Allerdings muß die Phasenverteilung der Streuamplituden im rez. Gitter bekannt sein. Da im vorliegenden Fall zentrosymmetrische Zonenmodelle angenommen werden können, reduziert sich die Zahl der möglichen Phasenlagen auf zwei, nämlich 0 und π. Die Streuamplituden sind daher reell, nur ihr Vorzeichen ist unbekannt, kann aber nach den Rechnungen von Gerold (*30*) angegeben werden: Längs der Gittergeraden $(00h)$ z. B. ist das Vorzeichen zunächst positiv, bis der Intensitätsstreifen bei $h = 1{,}6$ verschwindet. Das starke Maximum vor dem Reflex (002) hat negative, das nachfolgende Maximum und der Streifen haben wiederum positive Amplitude usw.

Ist die Amplitude der gemessenen Streukurve längs der Gittergeraden $(00h)$ gegeben durch $F(h)$ und setzt man $h = H + g$, so wird nach Doi (*23*) die folgende Funktion berechnet:

$$\varphi_H(x) = \int_{-\infty}^{+\infty} F(H+g)\, K(g) \exp(2\pi i g x)\, dg\,, \tag{6.20}$$

wobei

$$K(g) = \frac{\sin \pi g}{\pi g}$$

eine Funktion ist, die einen begrenzten Bereich von $F(h)$ in der Umgebung $h = H$ herausschneidet. Auf Grund mathematischer Überlegungen findet man, daß $\varphi_H(x)$ auch in der folgenden Form geschrieben werden kann:

$$\varphi_H(x) = \int_{-\infty}^{+\infty} \varrho'(y)\, S(x-y) \exp(-2\pi i y H)\, dy\,,$$

mit

$$S(x) = 1 \text{ für } -1/2 < x < +1/2$$
$$= 0 \text{ für alle anderen } x\,.$$

In Abweichung zur zitierten Arbeit ist hier ϱ' die Differenz der Elektronendichteverteilung von G. P.-Zone und dem ungestörten Mischkristall. Damit ist vorausgesetzt, daß die Mischkristallreflexe in $F(h)$ nicht berücksichtigt sind. Betrachtet man nur die Schwerpunktslagen der Atome, so ist die Funktion $\varphi_H(x)$ an den Stellen $x = n$ gegeben durch

$$\begin{aligned} \varphi_H(n) &= f_n \exp[-2\pi i(n + u_n)H] - \bar{f} \exp(-2\pi i n H) \\ &= f_n \exp(-2\pi i u_n H) - \bar{f}\,. \end{aligned} \tag{6.21}$$

Die Größe $\varphi_H(n)$ wird nach Gl. (6.20) aus experimentellen Daten berechnet und gibt Auskunft über die mittlere atomare Streuamplitude f_n der $n$ten Schicht und über die Verschiebung u_n dieser Schicht. Das Modell ist dabei zur Schicht $n = 0$ symmetrisch. Für ein primitives Gitter ist n ganzzahlig, im Fall des kubisch flächenzentrierten Gitters auch halbzahlig.

Die mit dieser Methode durchgeführte Bestimmung (*23*) von f_n und u_n zeigt jedoch erhebliche Mängel, da sie weder die richtige Phasenlage noch die Feinheiten der Intensitätsverteilung berücksichtigt.

6.2.3. Die Streuung kugelförmiger Entmischungsbereiche

Solche Entmischungsbereiche sind von GUINIER (*45*) in den aluminiumreichen Legierungen Al-Ag und Al-Zn entdeckt worden. Sie machen sich durch einen Beugungsring um den Punkt (000) bemerkbar (Kleinwinkelstreuung), der unabhängig von der Kristallorientierung ist.

Die Kleinwinkelstreuung gibt Auskunft über Form, Größe und Anordnung der entmischten Bereiche, wenn die Streuamplituden f der Atome stark unterschiedlich sind. Man kann auch Auskunft über die mittlere Konzentration der Atome in den Bereichen erhalten, jedoch nicht über Einzelheiten der Atomanordnung im Inneren der Bereiche. Bei Al-Ag bilden sich die Entmischungszonen vor allem in einem Temperaturintervall zwischen 100 und 200° C, bei Al-Zn entstehen sie bei Raumtemperatur. Im Verlauf der Auslagerung kann man beobachten, daß der Beugungsring intensiver wird und sich zu kleineren Winkeln verschiebt. Abb. 30 zeigt eine Aufnahme einer Aluminium-Legierung mit 5,9 At.-% Silber, die 3 Std. bei 130° C ausgelagert worden ist. Das Maximum des

Ringes liegt bei einem Streuwinkel von 1° (Monochromatische Cu Kα-Strahlung).

Würden die mit Silberatomen angereicherten Bereiche regellos in der Legierung verteilt sein, müßte die Kleinwinkelstreuung ihr Maximum beim Streuwinkel Null haben. Da das nicht der Fall ist, kann die Anordnung der Komplexe nicht regellos sein. Guinier (*45*) nahm zunächst an, daß die silberreichen Zonen einen mittleren Durchmesser und zugleich auch einen bestimmten Abstand zu den benachbarten Zonen besitzen. Es besteht also eine Art Nahordnung zwischen ihnen (Abb. 31a). Dieses Modell der Entmischung besitzt *zwei* verschiedenartige Bereiche: die silberreichen Zonen (I) und ihre aluminiumreiche Umgebung (II). Nach dieser Interpretation müssen im Verlauf der Auslagerung die Zonendurchmesser und die Zonenabstände zunehmen.

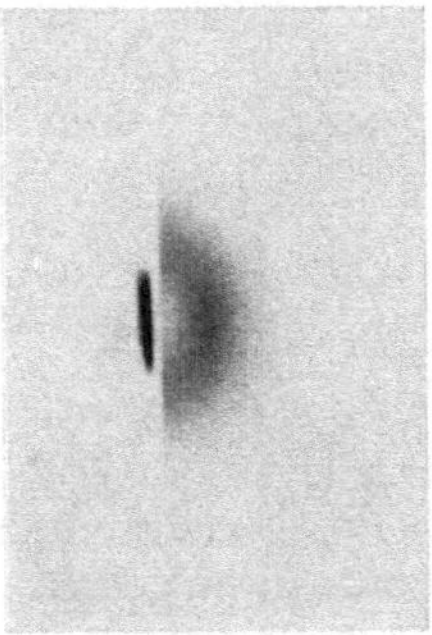

Abb. 30. Kleinwinkelstreuung eines Al-Ag-Mischkristalls nach einer Auslagerung von 4 Std bei 150° C. Legierung mit 5,9 At.-% Ag, monochromatische Cu Kα-Strahlung. Das Intensitätsmaximum des Beugungsringes liegt bei einem Streuwinkel von 1,2°

Da das Zonenwachstum in diesem Modell nur schwer vorstellbar ist, haben Walker und Guinier (*93*) eine andere Deutung der Beugungserscheinung vorgeschlagen. Danach ist jede silberreiche Zone (I) von einem silberarmen Gebiet (II) umgeben, das seinerseits im übersättigten Mischkristall liegt (Abb. 31b). Die Verteilung dieser gekoppelten Zonen (I) und (II) im übersättigten Mischkristall ist völlig regellos. Dieses Modell besitzt *drei* verschiedenartige Bereiche. Das Wachstum der Gebiete (I) und (II) ist ohne weiteres verständlich.

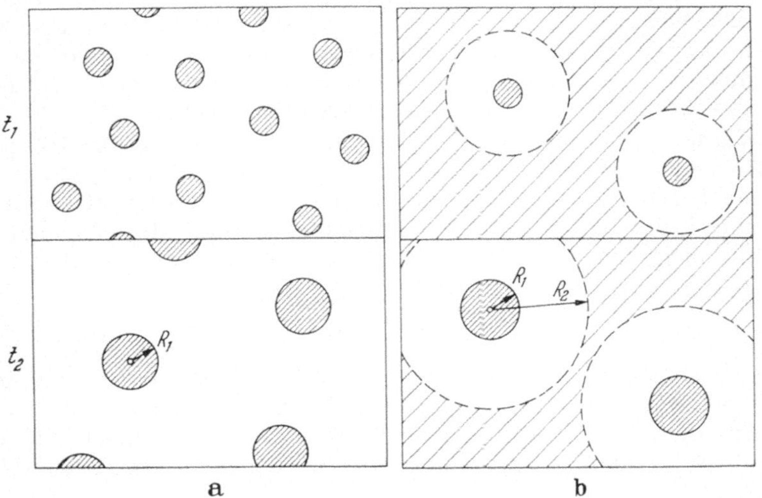

Abb. 31. a u. b. Der Entmischungsvorgang in Al-Ag- und Al-Zn-Legierungen nach zwei verschiedenen Auslagerungszeiten t_1 und t_2. a) Ursprünglich von Guinier (*45*) vorgeschlagenes Modell; b) Modell nach Walker und Guinier (*92*)

Untersuchungen von GEROLD (*31*) an Al-Ag sowie neuere Untersuchungen an Al-Zn-Legierungen (*37*) haben ergeben, daß die gleichzeitige Existenz dreier verschiedenartiger Bereiche unwahrscheinlich ist, so daß dem Modell Abb. 31a der Vorzug gegeben wird. Auf die Gründe wird später eingegangen.

Die Auswertung der Streuung kann hier ähnlich geschehen wie bei der diffusen Streuung ungesättigter Mischkristalle. Wegen der Symmetrie der Intensitätsverteilung der Kleinwinkelstreuung gehen nur die Beträge von $\mathbf{h}$ und $\mathbf{r}_i$ in die Gleichung ein. Man erhält eine zu (5.7) analoge Formel, die hier in Integralform geschrieben werden kann:

$$I_S(h) = N m_A m_B (f_A - f_B)^2 \, 4\pi \int_0^\infty r^2 A(r) \frac{\sin 2\pi h r}{2\pi h r} \, dr \,. \qquad (6.22)$$

Der Index s soll darauf hinweisen, daß es sich hier nur um die Streuung bei kleinen Winkeln handelt. Der Abstand r ist in Einheiten der Gitterkonstanten gemessen. Gl. (6.22) gilt für ein primitives Gitter. Bei kubisch flächenzentrierten Gittern kommt noch ein Faktor 4 hinzu, da die Elementarzelle 4 Atome enthält. N ist die Gesamtzahl aller Atome.

Durch Fourierumkehr wird die Funktion $A(r)$ erhalten:

$$A(r) = 4\pi \int_0^\infty h^2 I_s'(h) \frac{\sin 2\pi h r}{2\pi h r} \, dh \,,$$

mit (6.23)

$$I_s'(h) = \frac{I_s(h)}{(4)\, N m_A m_B (f_A - f_B)^2} \,,$$

wobei die in Klammern stehende 4 für das kflz. Gitter gilt. Das Integral in (6.23) erstreckt sich nur über das Kleinwinkelgebiet mit seinem großen Intensitätsbeitrag. Die noch verbleibende schwache monotone Laue-Streuung des Mischkristalls im anschließenden Winkelbereich bleibt unberücksichtigt, wie es in Abb. 13b schematisch angedeutet ist*.

Würde die ganze Streuung des Mischkristalls erfaßt und das Integral (6.23) über das Volumen einer Elementarzelle des rez. Gitters erstreckt, so würde die Funktion $A(r)$ den Nahordnungskoeffizienten α_i entsprechen, die in (5.4) definiert sind. Die Beschränkung des Integrals (6.23) auf das Kleinwinkelgebiet ergibt eine andere Definition für $A(r)$:

$$A(r) = \frac{\overline{P^{AA}}(r) - m_A}{1 - m_A} \,. \qquad (6.24)$$

$\overline{P^{AA}}(r)$ ist dabei ein Mittelwert der Wahrscheinlichkeit $P^{AA}(r)$ über ein Intervall $\pm \Delta r$, das von der Größenordnung des Atomabstandes ist.

Aus dem Verlauf von $A(r)$ kann die Wahrscheinlichkeit $\overline{P^{AA}}(r)$ berechnet und daraus eine Aussage über die Größe der entmischten Be-

* Abb. 13b gibt die tatsächlichen Verhältnisse nur unvollständig wieder. Die Kleinwinkelstreuung ist etwa 100mal so intensiv wie die restliche Streuung und beschränkt sich auf ein wesentlich engeres Gebiet um den Nullpunkt.

reiche gemacht werden, wie es in Abb. 32 gezeigt ist. R_1 ist dabei der Radius der Zonen (I) und R_2 der halbe Abstand zwischen benachbarten Zonen (II).

Unter Zugrundelegung des Modells Abb. 31b kann man die beiden Radien genauer berechnen. BELBEOCH und GUINIER (*4*) benutzten für diese Berechnung den Beugungswinkel des Ringmaximums der Röntgenaufnahme sowie die Integralbreite des Beugungsringes. Diese beiden Größen werden als Funktion der Radien R_1 und R_2 angegeben, die sich damit bestimmen lassen. Für eine Legierung mit 12 At.-% Silber finden die Autoren unabhängig von der Glühtemperatur (130 bis 175° C) ein Verhältnis der Radien von $R_1/R_2 = 0{,}48 \pm 0{,}02$. Der Zonenradius variiert dabei von $R_1 = 30$ Å bis zu 44 Å.

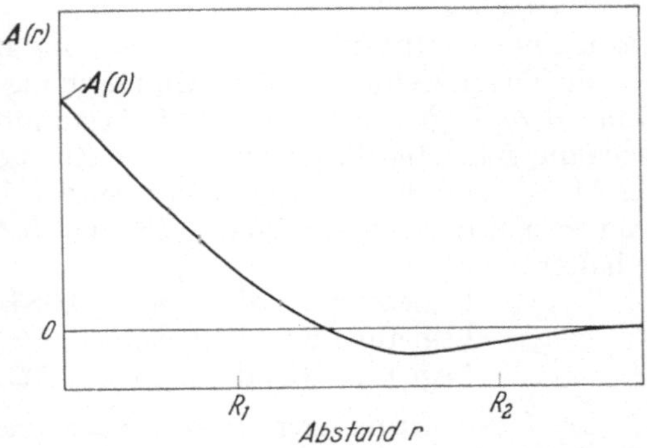

Abb. 32. Schematischer Verlauf der Funktion $A(r)$ für Legierungen mit kugelförmigen Entmischungskomplexen

Von größerem Interesse als die genaue Bestimmung der Zonengröße wäre eine Methode, die die Konzentrationen in den verschiedenen Bereichen bestimmen kann. Sie soll hier kurz für das Modell Abb. 31a skizziert werden (*35*).

Ist c der Volumenanteil der Zonen (I) und $(1-c)$ derjenige der Bereiche (II), und sind m_{I} und m_{II} die atomaren Konzentrationen der A-Atome in den Bereichen (I) und (II), so kann $\overline{P^{AA}(0)}$ berechnet werden. Dabei ist angenommen, daß in den Bereichen (I) und (II) nahezu ideale Mischkristalle vorhanden sind. Zwischen den Größen c, m_{I} und m_{II} und der Ausgangskonzentration m_A gilt die Beziehung

$$c m_{\mathrm{I}} + (1-c) m_{\mathrm{II}} = m_A \,. \tag{6.25}$$

In den Bereichen (I) und (II) hat $\overline{P^{AA}(0)}$ die Werte m_{I} bzw. m_{II} (diese Werte weichen infolge der Mittelwertbildung von $P^{AA}(0) = 1$ ab). Daraus erhält man insgesamt den Mittelwert

$$\overline{P^{AA}(0)} = \frac{c m_{\mathrm{I}}^2 + (1-c) m_{\mathrm{II}}^2}{m_A},$$

woraus folgt:

$$A(0) = \frac{c m_{\mathrm{I}}^2 + (1-c) m_{\mathrm{II}}^2 - m_A^2}{m_A (1-m_A)} .$$

Diese Gleichung vereinfacht sich infolge (6.25) zu

$$A(0) = \frac{(m_{\mathrm{I}} - m_A)(m_A - m_{\mathrm{II}})}{m_A (1-m_A)} . \tag{6.26}$$

$A(0)$ ist positiv und kleiner als 1. Nur für den Fall der totalen Entmischung ($m_{\mathrm{I}} = 1$; $m_{\mathrm{II}} = 0$) erreicht $A(0)$ den Wert 1. In diesem Fall wäre die monotone Laue-Streuung des Mischkristalls zwischen den Reflexen vollständig verschwunden, die gesamte Streuintensität würde auf die unmittelbare Umgebung der Reflexe beschränkt sein (vgl. Abb. 13b).

Die Größe $A(0)$ ist ein Maß für die Entmischung und wird daher als Entmischungsgrad $\varkappa$ bezeichnet (*31*). Der Entmischungsgrad kann nach Gl. (6.23) aus der Kleinwinkelstreuung bestimmt werden:

$$\varkappa \equiv A(0) = 4\pi \int_0^\infty h^2 I_s'(h)\, dh\,, \tag{6.27}$$

wozu eine quantitative Intensitätsmessung notwendig ist.

Mit dieser Methode sind die Entmischungskonzentrationen m_{I} und m_{II} von Al-Zn-Legierungen bei 20° C bestimmt worden (*37*). Zur Untersuchung gelangten Proben mit einem Zinkgehalt von ungefähr 6, 9 und 12 At.-%. Von diesen Legierungen wurden jeweils zwei zur Berechnung von m_{I} und m_{II} nach den Gln. (6.26) und (6.27) herangezogen. Es wurden erhalten:

Legierung 6 und 9: $m_{\mathrm{I}} = 0{,}683$, $m_{\mathrm{II}} = 0{,}017$
Legierung 6 und 12: $m_{\mathrm{I}} = 0{,}692$, $m_{\mathrm{II}} = 0{,}018$
Legierung 9 und 12: $m_{\mathrm{I}} = 0{,}702$, $m_{\mathrm{II}} = 0{,}019$

Die Übereinstimmung ist gut. Nach diesen Untersuchungen haben die zinkreichen Zonen eine Konzentration von 69 At.-%, während die Umgebung ein Gehalt von 1,8 At.-% Zink aufweist. Diese Werte stellen

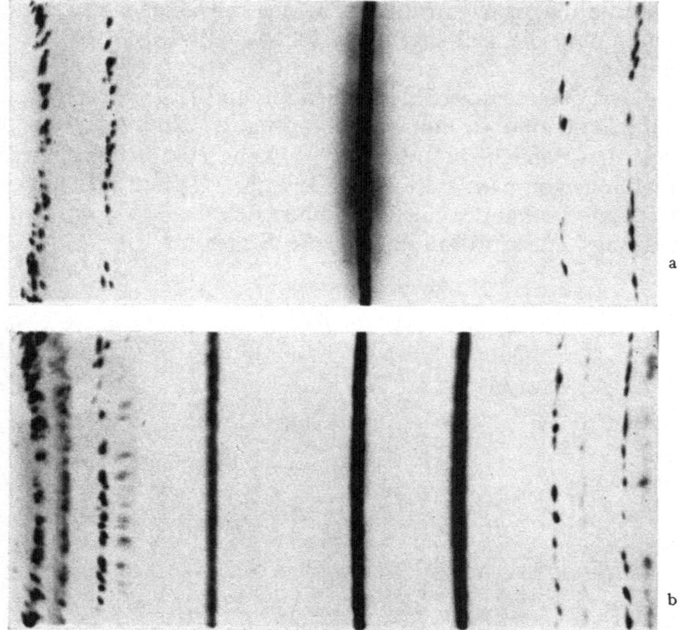

Abb. 33a u. b. Seitenbänder bei einer Al-Ag-Legierung mit 5,9 At.-% Ag. (*34*) Monochromatische Cu $K\alpha_1$-Strahlung. a) Übersättigter Mischkristall mit Entmischungszonen nach einer Auslagerung von 4 Std bei 150° C. Seitenbänder bei der Linie (004) b) Stabiler Mischkristall mit stabiler Ausscheidung nach mehrtägiger Auslagerung bei 300° C. Keine Seitenbänder

die Fortsetzung der bei Temperaturen über 280° C vorhandenen stabilen Mischungslücke dar. Dieses Ergebnis weist auf die Gültigkeit des Modells Abb. 31a hin.

Zur Untersuchung von Gitterverzerrungen in den Zonen sind Beugungsaufnahmen außerhalb des Kleinwinkelbereichs notwendig. Da die beteiligten Atome annähernd den gleichen Atomradius haben, sind nur kleine Gitterverzerrungen zu erwarten. Abb. 33 zeigt eine stark überbelichtete Debye-Scherrer-Aufnahme einer Al-Ag-Legierung mit streng monochromatischer Cu $K\alpha_1$-Strahlung (*34*). Die Probe war ein grobkristallines Blech mit starker Textur. Bei der gewählten Aufnahmeanordnung gaben sehr viele Kristalle einen Reflexionsbeitrag zur Linie (004). Neben der Hauptlinie sind deutlich zwei Seitenbänder zu erkennen, die unterschiedliche Intensität aufweisen. Diese Unterschiede werden durch Gitterverzerrungen hervorgerufen, da ohne sie eine symmetrische Intensitätsverteilung zu erwarten wäre. Zum Unterschied zu den in Abschnitt 6.2.1 behandelten Legierungen (vgl. Abb. 21) sind hier die Bänder diffus und nicht von der Hauptlinie getrennt. Der Grund ist die andere Form der Entmischungszonen und das Fehlen einer periodischen Anordnung.

Zur Abschätzung der auftretenden Gitterverzerrungen soll wiederum Gl. (6.14) herangezogen werden (*34*). Statt eines kugelförmigen Modells wird ein plattenförmiges benutzt. Das Radienverhältnis $R_1/R_2 \approx 0{,}5$ wird ersetzt durch $c = 0{,}5$. Die Intensität wird berechnet für die Seitenreflexe mit $g_\nu = \pm 1/L$. Da die Verzerrungskonstante ε_{I} in diesem Fall sehr klein ist, erhält man für den Term

$$\sin^2[\pi c L (g_\nu + \varepsilon_{\mathrm{I}} h_\nu)] \approx 1 .$$

Ersetzt man die übrigen sin-Glieder durch ihre Argumente, so erhält man an den Stellen $g_\nu = \pm 1/L$ die Streuintensität

$$I_\pm = \left[\frac{\pm (f_{\mathrm{I}} - f_{\mathrm{II}}) - 2L\varepsilon_{\mathrm{I}} h \bar{f}}{(\pm 1 + L\varepsilon_{\mathrm{I}} h)(\pm 1 - L\varepsilon_{\mathrm{I}} h)}\right]^2 .$$

Setzt man

$$z = 2Lh\bar{f}\frac{\varepsilon_{\mathrm{I}}}{f_{\mathrm{I}} - f_{\mathrm{II}}} ,$$

so erhält man das Intensitätsverhältnis

$$I_-/I_+ = \left(\frac{1+z}{1-z}\right)^2 . \tag{6.28}$$

Da es nach Ausweis der Röntgenaufnahme kleiner als 2 ist, muß $z < 0{,}17$ sein. Setzt man

$h = 4$ [Reflex (004)],

$L \approx 30$ (Durchmesser $2R \approx 30 a_0 \approx 120$ Å),

$\bar{f} \approx (f_{\mathrm{I}} - f_{\mathrm{II}})$ [der Bereich (I) hat eine Silberkonzentration von ungefähr 50 At.-%],

so findet man für die Verzerrungskonstante

$$\varepsilon_{\mathrm{I}} < 7 \times 10^{-4} .$$

Die Gitterkonstante in den silberreichen Komplexen (I) ist etwas größer als in den Bereichen (II). Eine genauere, aber wesentlich kompliziertere Rechnung mit einem radialsymmetrischen Modell kommt zu dem Ergebnis

$$\varepsilon_{\rm I} < 3{,}6 \times 10^{-4}\,.$$

Gl. (6.28) zeigt zusammen mit der Definition von z, daß das Intensitätsverhältnis eine Funktion von $\varepsilon_{\rm I}/(f_{\rm I} - f_{\rm II})$ ist. Da man annehmen kann, daß $\varepsilon_{\rm I}$ selbst proportional zu $(f_{\rm I} - f_{\rm II})$ ist, sollte bei einer Legierung das Intensitätsverhältnis (6.28) unabhängig vom Entmischungsgrad sein. Das konnte experimentell auch nachgewiesen werden. Nach einer kurzen Glühbehandlung von wenigen Sekunden bei 200° zeigte die Probe eine

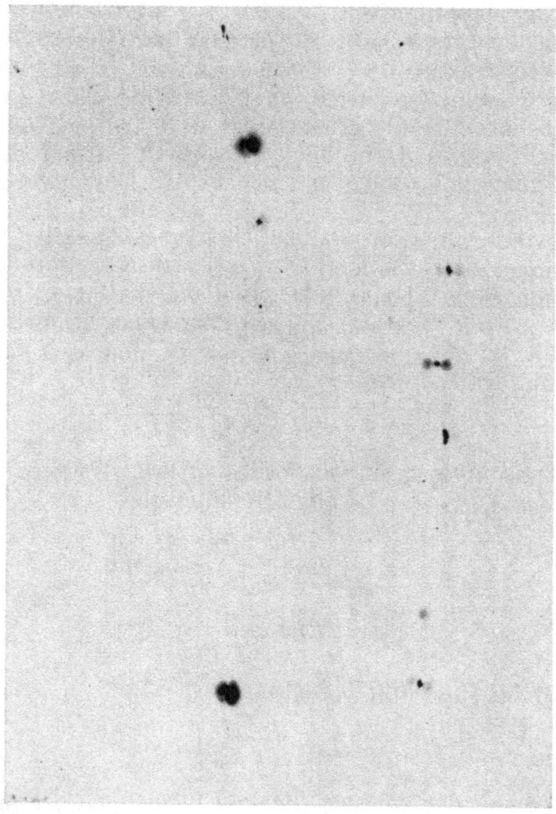

Abb. 34. Aufnahme einer grobkristallinen Ni-Cr-Legierung (*74*). Legierung mit 20% Cr, 16 Std. bei 700° C ausgelagert. Bragg-Reflexe (*111*) und (*200*). Monochromatische Cu Kα-Strahlung

um etwa 50% geringere Intensität der Kleinwinkelstreuung, gleichzeitig ging auch die Intensität der Seitenbänder bei (004) um den gleichen Betrag zurück. Das Intensitätsverhältnis blieb jedoch annähernd ungeändert.

Von Manenc (*71, 74*) wurden noch einige nickelreiche Legierungen gefunden, die ebenfalls kugelförmige Entmischungsbereiche zeigen.

Abb. 34 zeigt eine Aufnahme von einer Legierung mit 20 Gew.-% Chrom. Es sind keine geschlossenen Ringe zu sehen, sondern jeweils zwei Halbmonde, die die Reflexe umgeben. Diese Intensitätsverteilung hat eine gewisse Ähnlichkeit mit der in Abb. 16 dargestellten Funktion, die die Amplitudenverteilung der Streuung von einem radialsymmetrischen Verzerrungsfeld angibt. Die Entmischungsbereiche in diesen Legierungen müssen demnach solche Spannungsfelder erzeugen, die die beobachtete Beugungserscheinung hervorrufen.

Tabelle 7. *Zusammenstellung der Legierungen mit Entmischungsbereichen*
In der zweiten Spalte sind die Konzentrationen der zulegierten Elemente in At.-% angegeben. Die dritte Spalte gibt die Gitterkonstanten-Differenz zwischen Mischkristall und stabiler Ausscheidung an. In den Fällen, wo die Ausscheidung eine andere Gitterstruktur hat als der Mischkristall, ist die Differenz der Atomradien angegeben. Diese Werte stehen in Klammern.

Legierung	Konzentration At. %	Differenz der Gitterkonstanten (Atomradien) %	Struktur der Entmischungsbereiche
Cu-Ni-Fe	38/12	0,45	plattenförmige Entmischungsbereiche
Cu-Ni-Co	38/12	1,5	plattenförmige Entmischungsbereiche
Pt-Au	20	2,6	plattenförmige Entmischungsbereiche
Ni-Al*	15	0,48	plattenförmige Entmischungsbereiche
Ni-Al-Ti*	10/2	0,76	plattenförmige Entmischungsbereiche
Ni-Cu-Si*	29/10	1,07	plattenförmige Entmischungsbereiche
Ni-Mo-Si*	7/10	0,65	plattenförmige Entmischungsbereiche
Al-Cu	2	(10)	flächenhafte Entmischungsbereiche
Cu-Be	10	(12)	flächenhafte Entmischungsbereiche
Al-Ag	12	(0,7)	kugelförmige Entmischungsbereiche
Al-Zn	10	(4)	kugelförmige Entmischungsbereiche
Ni-Si*	14	0,23	kugelförmige Entmischungsbereiche
Ni-Cr*	20	0,28	kugelförmige Entmischungsbereiche
Ni-Cu-Al*	19/12	0,25	kugelförmige Entmischungsbereiche

Auf die Frage, wann kugelförmige und wann plattenförmige Entmischungsbereiche auftreten, gibt Tab. 7 Auskunft. Alle Legierungen sind kubisch flächenzentriert. In der Mehrzahl sind es solche, bei denen eine zweite Phase vom gleichen Gittertyp mit etwas unterschiedlicher Gitterkonstanten ausgeschieden wird. Die Differenzen der Gitterkonstanten sind angegeben. In den anderen Fällen, bei denen die stabilen Endphasen sich stärker unterscheiden, ist der Unterschied der Atomradien notiert. Wie man sieht, haben Gitterkonstantendifferenzen größer als 0,4% eine Entmischung in plattenförmige Bereiche zur Folge, während bei kleineren Differenzen kugelförmige Bereiche entstehen.

Bei der Bildung der Entmischungskomplexe wird die Bindungsenergie zwischen den Atomen verringert (*3*). Zugleich entsteht eine Art Grenzflächenenergie, da die Bindungsenergie zwischen Atomen der Bereiche (I) und (II) sehr hoch ist. Diese Grenzflächenenergie ist am geringsten für kugelförmige Komplexe. Neben ihr spielt noch die Verzerrungsenergie eine wesentliche Rolle. Nach NABARRO (*78*) ist diese am geringsten für

* Nach MANENC (*74*).

scheibenförmige Ausscheidungen. Danach sind plattenförmige Bereiche zu erwarten, wenn die Verzerrungsenergie größer ist als die Grenzflächenenergie, im umgekehrten Fall entstehen kugelförmige Gebilde. Die in Tab. 7 aufgezeichneten experimentellen Ergebnisse stehen mit diesen Überlegungen qualitativ im Einklang.

6.2.4. *Andere Entmischungsstrukturen*

Die bisher behandelten Entmischungsstrukturen stellen eine Gruppe dar, über deren Aufbau man heute hinreichende Klarheit hat. Daneben gibt es Legierungen mit anderen Entmischungsstrukturen, wie sie z. B. von GUINIER (*49*) in einer Übersicht erwähnt worden sind. Über ihren Aufbau ist man nicht so gut informiert.

Eine Gruppe umfaßt die aluminiumreichen Legierungen Al-Mg-Cu und Al-Mg-Zn, die zuerst von LAMBOT (*68*) und GRAF (*39, 40, 41*) untersucht worden sind. GRAF fand bei Al-Mg-Zn-Legierungen eine Überstruktur innerhalb der Komplexe in (002)-Ebenenfolge. Von SCHMALZRIED und GEROLD (*86*) sowie GEROLD und HABERKORN (*36*) wurden Vorschläge für die Struktur dieser Entmischungskomplexe angegeben. Die Abb. 35 zeigt die entsprechenden Modelle für eine Legierung (a) mit 2,8 At.-% Zink und 3,8 At.-% Magnesium sowie für eine Legierung (b) mit 3,3 At.-% Zink und 1,0 At.-% Magnesium. Im Fall (a) sind die Magnesiumatome im Überschuß. Es bilden sich Komplexe der angenäherten Zusammensetzung MgZn, wobei die (002)-Ebenen abwechselnd aus Zink- und Magnesiumatomen bestehen. Infolge der Größe der Magnesiumatome wird das Gitter dabei in den $\mathfrak{a}_1$- und $\mathfrak{a}_2$-Richtungen um etwa 15% aufgeweitet. Der Durchmesser der Komplexe in diesen Richtungen wird dadurch auf etwa 4 Gitterkonstanten oder 16 Å beschränkt. Bei der Legierung (b) sind die Zinkatome im Überschuß. Es bilden sich Komplexe der angenäherten Zusammensetzung Mg_3Zn_5 mit einer dem AuCu II ähnlichen Überstruktur. Numeriert man in der Überstruktur (a) die Elementarzellen mit (n_1, n_2, n_3), so entsteht die kompliziertere Struktur (b) aus (a), indem man in allen Elementarzellen mit ungeradem n_2 die Plätze der Zink- und Magnesiumatome vertauscht (Domänen- oder Verwerfungsstruktur (*99*)]. Außerdem werden in den dadurch entstehenden Verwerfungsebenen die großen Magnesiumatome durch Zinkatome ersetzt, so daß direkte Magnesiumnachbarn in den Richtungen $[0\,\frac{1}{2}\,\frac{1}{2}]$, $[\frac{1}{2}\,0\,\frac{1}{2}]$ usw. vermieden werden. Solche Nachbarn sind nur in den Richtungen $[\frac{1}{2}\,\frac{1}{2}\,0]$ usw. vorhanden, die in den Überstrukturebenen (002) liegen. Durch diese Anordnung werden Spannungen in der $\mathfrak{a}_2$-Richtung abgebaut, die Komplexe können sich in dieser Richtung mehr ausdehnen.

In Al-Mg-Cu-Legierungen entstehen nur Komplexe vom Typ (a). Überschüssige Kupferatome bilden Guinier-Preston-Zonen nach Abb. 28.

Die Zonen (a) machen sich durch Überstrukturreflexe bemerkbar, die infolge der Gitteraufweitung in den $\mathfrak{a}_1$- und $\mathfrak{a}_2$-Richtungen verschoben sind. Bei den Zonen (b) spalten diese Überstrukturreflexe auf, als Folge der Domänenbildung. Die Ersetzung einzelner Magnesiumatome durch Zinkatome macht sich durch Seitenreflexe bei den Mischkristallreflexen bemerkbar, wie sie in Abschnitt 6.2.1 behandelt worden sind. Zur Klärung der Struktur war Gl. (6.14) von großem Nutzen. Einzelheiten sind der Originalarbeit zu entnehmen (*36*).

Eine andere Gruppe von Entmischungsstrukturen wurde von LUTTS und LAMBOT (*70*) an aluminiumreichen Legierungen Al-Mg_2Ge und

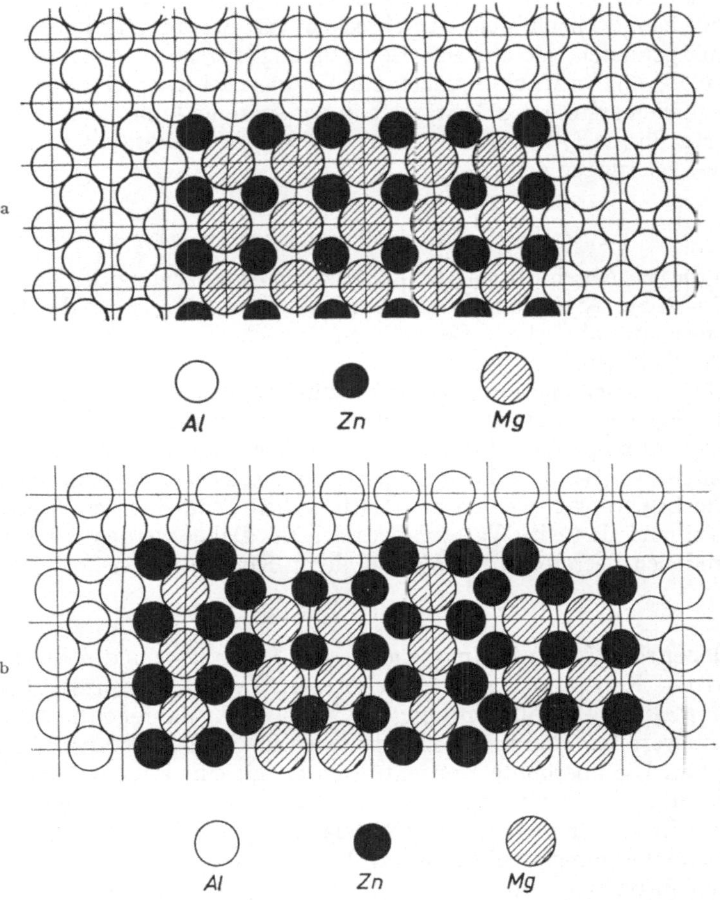

Abb. 35a u. b. Modelle von Entmischungszonen in Al-Mg-Zn-Legierungen. Die Schnittebene ist (200). a) Legierung mit 2,8 At.-% Zn und 3,7 At.-% Mg (*86*). b) Legierung mit 3.3 At.-% Zn und 1,0 At.-% Mg (*36*). MgZn-Überstruktur mit Verwerfung und überzähligen Zn-Atomen in den Verwerfungsebenen parallel zu (020). Angenäherte Zusammensetzung Mg_3Zn_5

Al-Mg_2Si beobachtet. Auf den Röntgenaufnahmen macht sie sich durch Intensitätsstreifen bemerkbar, die auf eine mehr oder weniger homogene Intensitätsverteilung auf den Flächen $(h_1 h_2 0)$, $(h_1 h_2 1)$ usw. im rez. Gitter hinweisen. Solche Verteilungen können durch nadelförmige Gebilde im Mischkristall hervorgerufen werden. Über die Struktur dieser Komplexe sind bisher nur Vermutungen geäußert worden (*51*), eine genaue Deutung steht noch aus.

Bei magnesiumreichen Mg-Pb-Legierungen (hexagonal) wurde von NAGASHIMA und NISHIYAMA (*79*) nach einer Auslagerung bei 130° C ein Intensitätsstreifen gefunden, der von (0000) ausgehend in (0001)-Richtung verläuft. Sie schließen daraus, daß in dieser Legierung Bleiansammlungen auf (0001)-Ebenen vorhanden sind.

Dieser Befund konnte von uns nicht bestätigt werden. Statt dessen wurden bereits nach dem Abschrecken im Streuuntergrund diffuse Maxima gefunden, die auf eine Bevorzugung ungleicher Nachbarn hinweisen (*56, 82*) Im Mischkristallstadium ordnen sich die Bleiatome bereits in Abständen an, die den Abständen in der späteren kubischen Ausscheidung Mg_2Pb (CaF_2-Typ) entsprechen. Die gleiche Nahordnung wurde in Mg-Sn-Legierungen gefunden.

6.2.5. Die Kinetik von Entmischungsvorgängen

In diesem Abschnitt soll die Kinetik der Entmischung der Legierungen Cu-Ni-Fe, Al-Ag und Al-Zn beschrieben werden, über die Untersuchungsmaterial vorliegt. Bei anderen Legierungen werden die Verhältnisse ähnlich sein.

Alle Entmischungsvorgänge sind Diffusionsprozesse und hängen stark von der Konzentration der Leerstellen in der Legierung ab, da die Diffusion der Atome durch Platzwechsel mit den Leerstellen erfolgt. Der Diffusionskoeffizient ist daher proportional zur Leerstellenkonzentration c_L. Alle Legierungen werden bei relativ hohen Temperaturen T_H homogenisiert und dann in Wasser abgeschreckt. Dabei werden die bei T_H vorhandenen Leerstellen eingefroren, deren Konzentration

$$c_L \sim \exp(- U/k T_H)$$

ist. Dabei sind U die Bildungsenergie der Leerstellen und k die Boltzmannsche Konstante. Die eingefrorenen Leerstellenkonzentrationen haben meist die Größenordnung 10^{-6} bis 10^{-4}, während der Gleichgewichtswert bei Raumtemperatur etwa die Größenordnung 10^{-14} bis 10^{-11} hat. Die überhöhte Konzentration c_L hat eine erhöhte Diffusionsgeschwindigkeit unmittelbar nach dem Abschrecken zur Folge, die zu wesentlichen Änderungen in der Atomanordnung führt. Bei den Legierungen mit Ordnungsstruktur, wie z. B. CuAu, bilden sich die ersten wohlgeordneten Bereiche aus, wie in Abschnitt 6.1 gezeigt wurde. In den hier zu betrachtenden Legierungen finden die ersten Entmischungsvorgänge statt, die vermutlich bereits bis zur vollständigen Entmischung gehen. Bei der Legierung Cu-Ni-Fe kann dies aus magnetischen Messungen geschlossen werden (*5*).

Bei Al-Zn konnte durch quantitative Messungen der Kleinwinkelstreuung mit einem Zählrohr nachgewiesen werden, daß in der Zeit erhöhter Diffusionsgeschwindigkeit sich bereits ein metastabiler Gleichgewichtswert des Entmischungsgrades $\varkappa$, Gl. (6.24), einstellt. Diese Legierung eignet sich vor allem deshalb zu solchen Untersuchungen, weil das homogene Mischkristallgebiet in einem großen Temperaturintervall liegt (200 bis 580° C), so daß die Homogenisierungstemperatur T_H in einem weiten Bereich variiert werden kann. Um eine gute Abschreckung zu erreichen, wurden dünne, etwa 0,1 mm starke Bleche verwandt. Es wurde bereits kurz nach dem Abschrecken unabhängig von der Homogenisierungstemperatur (280 bis 550° C) ein Gleichgewichtswert des Entmischungsgrades erhalten, der sich im Verlauf der Auslagerung bei 20° C nicht mehr änderte.

Bei niedrigen Homogenisierungstemperaturen verläuft der Entmischungsvorgang über mehrere Stunden, so daß die zeitliche Änderung des Zonenradius R_1 (Abb. 31 a) und des Entmischungsgrades $\varkappa$ verfolgt werden kann. Abb. 36 zeigt das Ergebnis: Während der Zonenradius mit der Zeit langsam zunimmt, bleibt der Entmischungsgrad nach einem raschen Anwachsen zeitlich konstant. Ähnliche Ergebnisse werden auch von JAN (*65a*) berichtet. Wie man sieht, finden im wesentlichen zwei Vorgänge statt:

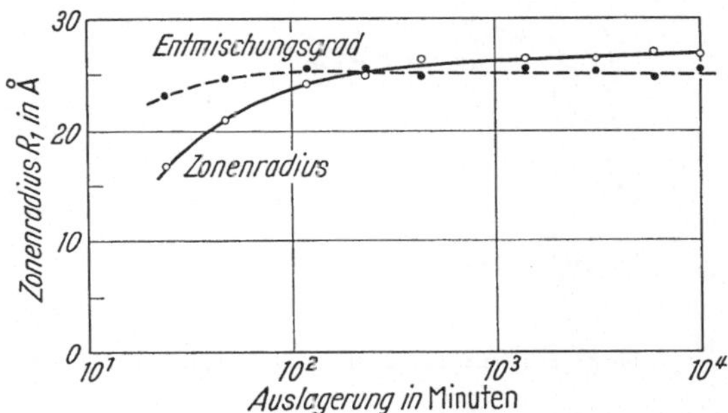

Abb. 36. Änderung des Zonenradius R_1 und des Entmischungsgrades $\varkappa$ einer Al-Zn-Legierung mit 6 At.-% Zn (*37*). Abschreckungstemperatur: 250° C; Auslagerungstemperatur: 20° C

a) Die Ausbildung des Entmischungsstadiums. Sie ist mit dem Anwachsen des Entmischungsgrades verknüpft und läuft relativ rasch ab. Die Zeitspanne beträgt Sekunden bis Stunden je nach der Homogenisierungstemperatur, von der abgeschreckt wurde. Diese Entmischung entsteht durch thermodynamisch bedingte negative Diffusion (*20*), bei der ein vorhandener Konzentrationsunterschied in der Legierung vergrößert wird.

b) Das Zonenwachstum. Es setzt sich auch nach Beendigung des Entmischungsvorganges fort und besteht aus dem Wachstum der großen Zonen auf Kosten der kleinen. Je nach der Homogenisierungstemperatur, von der abgeschreckt wurde, ist dieses Wachstum nach einigen Minuten bzw. Tagen beendet. Die Zonen erreichen einen Durchmesser von etwa 60 Å.

Aus der Abhängigkeit der Wachstumsgeschwindigkeit von der Homogenisierungstemperatur kann die Bildungsenergie U der Leerstellen ermittelt werden. Als Maß für diese Geschwindigkeit wurde die Änderung der Kleinwinkelstreuung bei einem konstanten Beugungswinkel gemessen. Für die Bildungsenergie U ergab sich dabei ein Wert von ungefähr 16 ± 2 kcal/Mol. Die Methode ist nicht sehr genau. Einzelheiten sind der Originalarbeit zu entnehmen (*37*).

Bei der Legierung Al-Ag findet ebenfalls ein Entmischungsvorgang unmittelbar nach dem Abschrecken statt, der aber bald zum Stillstand kommt. Er ist von WEBB (*98*) studiert worden. Es bilden sich nicht so große Zonen wie bei der Legierung Al-Zn, sondern nur Komplexe mit einem Radius von einigen Å.

Der Gleichgewichtswert des Entmischungsgrades stellt sich erst bei erhöhten Temperaturen (80 bis 200° C) ein. Zugleich findet in diesem Temperaturbereich ein ausgedehntes Zonenwachstum statt (*31*). Der Entmischungsgrad $\varkappa$ nimmt mit wachsender Temperatur ab. Bei 200° C ist er nur noch halb so groß wie bei 150° C (Legierung mit 5,9 bzw. 13,1 At.-% Silber). Es ist zu vermuten, daß hier ebenfalls eine metastabile Mischungslücke wie bei Al-Zn existiert. Die Geschwindigkeit, mit

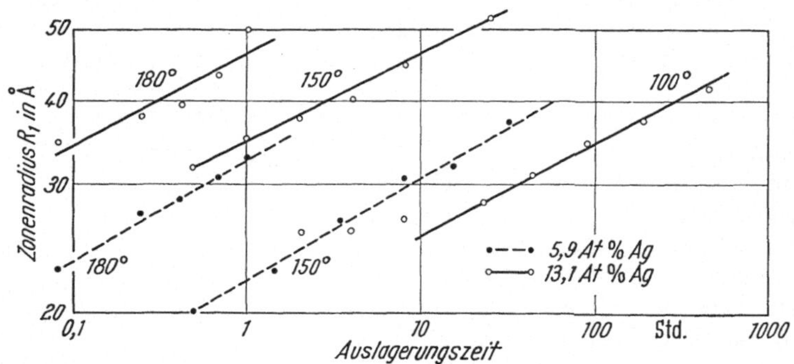

Abb. 37. Das Zonenwachstum in Al-Ag-Legierungen bei verschiedenen Auslagerungstemperaturen

der sich dieser Entmischungsgrad einstellt, ist bisher nicht gemessen worden. Hingegen ist das Wachstum der Zonen untersucht worden*, Abb. 37 zeigt das Ergebnis.

Der Wachstumsprozeß der lamellaren Entmischungsbereiche in der Legierung Cu_4Ni_3Fe bei verschiedenen Auslagerungstemperaturen zwischen 500 und 700° C ist von Daniel und Lipson (*19*) untersucht worden. Die Autoren finden ein Wachstumsgesetz für die Periodenlänge L

$$L = A \ln t + B(T_a) \tag{6.29}$$

im Bereich $25 < L < 120$. A ist dabei eine Konstante und B eine Funktion der Auslagerungstemperatur T_a.

Biedermann und Kneller (*5*) setzten die Untersuchungen zu längeren Glühzeiten fort, wobei sie die dabei entstehenden größeren Periodenlängen mit dem Elektronenmikroskop bestimmten. Sie stellten fest, daß in diesem Bereich das Wachstum nicht mehr dem Gesetz (6.29) genügt, der Faktor A nimmt mit der Periodenlänge zu.

Eine bessere Übereinstimmung findet man mit der Beziehung

$$\ln L = A(\ln t + B + Q/R T_a)\,. \tag{6.30}$$

Dabei ist angenommen, daß der Wachstumsprozeß durch die Diffusion bestimmt wird. Q ist die Aktivierungsenergie dieses Prozesses. B ist im wesentlichen ein Maßstabsfaktor. Für die Konstante A erhält man einen Wert $A = 0{,}24$. Aus den von Daniel und Lipson angegebenen Kurven errechnet sich eine Aktivierungsenergie von $Q = 46 \pm 5$ kcal/Mol.

* Bisher unveröffentlichte Untersuchungen des Verfassers gemeinsam mit D. Chipman und H. Schmalzried.

Ändert man nach einer bestimmten Vorauslagerung bei einer Temperatur T_1, bei der sich der stabile Entmischungsgrad $\varkappa_1$ und eine bestimmte Periodenlänge L_0 ausgebildet hat, die Temperatur von T_1 auf T_2, so ist der Entmischungsgrad nicht mehr im Gleichgewicht. Er wird sich auf einen neuen Gleichgewichtswert $\varkappa_2$ einstellen. Der Zeitraum dafür ist so kurz, daß sich die Periodenlänge dabei nicht wesentlich ändert.

Die Einstellung des neuen Entmischungsgrades kann bei der Legierung Cu_4Ni_3Fe nur durch die Änderung der damit verbundenen Gitterverzerrung verfolgt werden, da sich die Streuamplituden der Atome bei dieser Legierung nur wenig unterscheiden. Die Änderung der Gitterverzerrung, d. h. der Verzerrungskonstante ε_{I} in Gl. (6.13), macht sich in einer Änderung der Intensität der Seitenreflexe bemerkbar, die von Daniel (*17*) näher untersucht wurde.

Die Autorin versuchte, ihre Messung mit der von Becker (*2*) entwickelten Theorie nichtidealer Mischkristalle in Einklang zu bringen. Ihrem Rechnungsansatz legte sie eine sin-förmige Variation der Konzentration der Kupferatome um einen Mittelwert zugrunde. Sie fand u. a. für den beschriebenen Diffusionsprozeß eine Aktivierungsenergie von 66 kcal/Mol.

Für das Wachstum der mittleren Zonendurchmesser in Al-Ag wurde das gleiche Gesetz (6.30) gefunden (Abb. 37). Dabei ergaben sich folgende Parameter:

$$A = 0{,}13\ ;\quad Q = 33 \pm 3\ \text{kcal/Mol}\,.$$

Die hier gefundene Aktivierungsenergie hat die gleiche Größenordnung wie die auf Grund von Diffusionsmessungen bei höheren Temperaturen gefundene Aktivierungsenergie (*60*). Diese beträgt 37 bis 38 kcal/Mol in dem betrachteten Konzentrationsintervall.

Betrachtet man die Konstante A in den beiden zitierten Fällen, so findet man den Zusammenhang zwischen Auslagerungszeit t und Zonengröße L bzw. R:

$$t \sim L^4 \quad \text{bzw.} \quad t \sim R^8\,.$$

Ob dieser Unterschied des zeitlichen Ablaufs mit der unterschiedlichen Form der Entmischungskomplexe (Platten im ersten, Kugeln im zweiten Fall) zusammenhängt, kann nicht gesagt werden, da die Zahl der vorliegenden Experimente zu gering ist.

Die rasche Einstellung des metastabilen Entmischungsgrades $\varkappa$ und die ständige Zunahme des mittleren Zonendurchmessers ist ein Charakteristikum der voluminösen Entmischungsbereiche. Während bei der Einstellung des Entmischungsgrades die Volumenenergie die treibende Kraft für den Entmischungsvorgang ist, kann für das Zonenwachstum die Grenzflächenenergie zwischen den Bereichen I und II als Ursache angesehen werden. Durch das ständige Wachstum der Bereiche wird diese Grenzfläche ständig verringert und dadurch die freie Energie des entmischten Systems weiter herabgesetzt.-Auf Einzelheiten dieses Vorganges soll hier nicht näher eingegangen werden.

Im Gegensatz zu den voluminösen Bereichen ist bei den flächenhaften Entmischungszonen in der Legierung Al-Cu kein ständiges Wachstum der Zonen mit der Auslagerungszeit festzustellen (*87*). Dies ist verständlich, da das Wachstum hier nur zweidimensional ist und sich die gesamte Grenzfläche zwischen den Bereichen I und II nicht verändert (zwei kleine Bereiche haben die gleiche Grenzfläche wie ein aus diesen kleinen entstandener großer Bereich).

Die Verzerrungsenergie spielt für die Stabilität der flächenhaften Entmischungszonen eine wesentliche Rolle. Thermodynamische Rechnungen zeigen, daß die Komplexe sich mit steigender Auslagerungstemperatur in zunehmendem Maße auflösen müssen (*21*), wie es auch experimentell beobachtet wird. Bei 200° sind sie vollständig verschwunden (*29*, *42*).

Die Kinetik des Entmischungsvorgangs wird durch äußere Einflüsse, wie plastische Verformung oder Teilchenbestrahlung, wesentlich beeinflußt. Da hierüber schon an anderer Stelle berichtet wurde, sei der Leser darauf verwiesen (*51*).

Literatur

1. Averbach, B. L.: The Structure of Solid Solutions. Aus: Theory of Alloy Phases. Cleveland (Ohio): American Society for Metals 1956.

2. Batterman, B. W.: X-Ray Study of Order in the Alloy $CuAu_3$. J. appl. Physics **28**, 556 (1957).

3. Becker, R.: Über den Aufbau binärer Legierungen. Z. Metallkunde **29**, 245 (1937).

4. Belbeoch, B., et A. Guinier: Relation entre les Structures et les Propriétés des Alliages Aluminium-Argent pendant le Durcissement Structural. Acta Metallurg. **3**, 370 (1955).

5. Biedermann, E., u. E. Kneller: Gefüge und magnetische Eigenschaften von Dauermagnetlegierungen während der isothermen Ausscheidungshärtung. I. Teilchenwachstum, kritische Teilchengröße und Koerzitivkraft. Z. Metallkunde **47**, 289 (1956). II. Der Vorgang der Entmischung und Deutung des Verlaufs der magnetischen Eigenschaften. Z. Metallkunde **47**, 760 (1956).

6. Borie, B.: X-Ray Diffraction Effects of Atomic Size in Alloys. Acta Crystallogr. **10**, 89 (1957).

7. — X-Ray Diffraction Effects of Atomic Size in Alloys II. Acta Crystallogr. **12**, 280 (1959).

8. Born, M., and R. D. Misra: On the Stability of Crystal Lattices. IV. Proc. Cambridge philos. Soc. **36**, 466 (1940).

9. Bradley, A. J.: X-Ray Evidence of Intermediate Stages during Precipitation from Solid Solution. Proc. physic. Soc. **52**, 80 (1940).

10. Calvet, J., P. Jacquet et A. Guinier: The Age-Hardening of a Copper-Aluminium Alloy of very high Purity. J. Inst. Metals **65**, 121 (1939).

11. Chipman, D. R.: Improved Monochromator for Diffuse X-Ray Scattering Measurements. Rev. sci. Instruments **27**, 164 (1956).

12. — X-Ray Study of the Local Atomic Arrangement in Partially Ordered Cu_3Au. J. appl. Physics **27**, 739 (1956).

13. Cochran, W.: Scattering of X-Rays by Defect Structures. Acta Crystallogr. **9**, 259 (1956).

14. Cole, H., and B. E. Warren: Approximate Elastic Spectrum of β-Brass from X-Ray Scattering. J. appl. Physics **23**, 335 (1952).

15. Cowley, J. M.: X-Ray Measurement of Order in Single Crystals of Cu_3Au. J. appl. Physics **21**, 24 (1950).

16. Coyle, R. A., and B. Gale: Integrated X-Ray Intensity Measurements from Solid Solution of Copper-Gold. Acta Crystallogr. **8**, 105 (1955).

17. Daniel, V.: An Experimental and Theoretical Investigation of Diffusion in a Two-Phase Alloy. Proc. Roy. Soc. (London), Ser. **A 192**, 575 (1948).

18. Daniel, V., and H. Lipson: The Dissociation of an Alloy of Copper, Iron and Nickel. Proc. Roy. Soc. (London), Ser. A181, 368 (1943).
19. — — The Dissociation of an Alloy of Copper, Iron and Nickel. Further X-Ray Work. Proc. Roy. Soc. (London), Ser. A182, 378 (1944).
20. Dehlinger, U.: Eine thermodynamische Erweiterung der Diffusionsgleichung. Z. Physik 102, 633 (1936).
21. — u. H. Knapp: Zur Energetik der Aushärtungszustände des Cu-Al. Appl. Sci. Res. A4, 231 (1953).
22. Doi, K.: Nouvelle Transformation de Fourier pour les Analyses de Structures Désordonnées. Bull. Soc. franç. Minéraolg. Cristallogr. 80, 325 (1957).
23. — The Structure Analysis of Guinier-Preston Zone by Means of a Fourier Method. Acta Crystallogr. 13, 45 (1960).
24. Ekstein, H.: Disordering Scattering of X-Rays by Local Distortions. Physic. Rev. 68, 120 (1945).
25. Ewald, P. P.: X-Ray Diffraction by Finite and Imperfect Crystal Lattices. Proc. physic. Soc. 52, 167 (1940).
26. Flinn, P. A., B. L. Averbach and M. Cohen: Local Atomic Arrangements in Gold-Nickel Alloys. Alloys. Acta Metallurg. 1, 664 (1953).
27. — — and P. S. Rudman: The Interpretation of Diffuse X-Ray Scattering from Powder Patterns of Solid Solutions. Acta Crystallogr. 7, 153 (1954).
28. Geisler, A. H., and J. B. Newkirk: Mechanism of Precipitation in a Permanent Magnetic Alloy. Trans. AIME 180, 101 (1949).
29. Gerold, V.: Röntgenographische Untersuchungen über die Aushärtung einer Aluminium-Kupfer-Legierung mit Kleinwinkel-Schwenkaufnahmen. Z. Metallkunde 45, 593 (1954).
30. — Über die Struktur der bei der Aushärtung einer Aluminium-Kupfer-Legierung auftretenden Zustände. Z. Metallkunde 45, 599 (1954).
31. — Über die Aushärtung von Aluminium-Silber-Legierungen. IX. Röntgenographische Untersuchungen über die Kaltaushärtung. Z. Metallkunde 46, 623 (1955).
32. — Die Kleinwinkelstreuung der Röntgenstrahlen und ihre Anwendung zur Teilchengrößebestimmung. Z. angew. Physik 9, 43 (1957).
33. — The structure of Guinier-Preston Zones in Aluminium-Copper Alloys. Acta Crystallogr. 11, 230 (1958).
34. — X-Ray Methods for the Detection of Lattice Imperfections in Crystals. Proceedings of the Eighth Annual Conference on Applications of X-Ray Analysis. New York: Plenum Press Inc. 1960.
35. — Die Bestimmung der metastabilen Mischungslücke in übersättigten Mischkristallen aus der Röntgen-Kleinwinkelstreuung. Acta Crystallogr. In Vorbereitung.
36. — u. H. Haberkorn: Röntgenographische Untersuchung der Kaltaushärtung von Aluminium-Magnesium-Kupfer- und Aluminium-Magnesium-Zink-Legierungen. Z. Metallkunde 50, 568 (1959).
37. — u. W. Schweizer: Die Kinetik der Entmischung in Aluminium-Zink-Legierungen. Z. Metallkunde. In Vorbereitung.
38. Graf, R.: Contribution à l'Etude des Phénomènes de Durcissement dans l'Alliage Aluminium-Cuivre à 4% de Cuivre. Thèse, Univ. de Paris 1955.
39. — Etude aux Rayons X des Phénomènes de Précipitation dans l'Alliage Aluminium-Zinc-Magnesium à 7% de Zinc et 3% de Magnesium. C. R. hebd. Séances Acad. Sci. 242, 1311 (1956).
40. — Nouvelles Observations aux Rayons X sur les Phénomènes de Pré-Précipitation dans l'Alliage Aluminium-Zinc-Magnesium à 7% de Zinc et 3% de Magnesium. C. R. hebd. Séances Acad. Sci. 242, 2834 (1956).
41. — Etude aux Rayons X des Phénomènes de Précipitation dans l'Alliage Aluminium-Zinc-Magnesium à 9% de Zinc et 1% de Magnésium (AZ9G1). C. R. hebd. Séances Acad. Sci. 244, 337 (1957).
42. — et A. Guinier: Etudes aux Rayons X des Phénomènes de Réversion dans l'Alliage Aluminium-Cuivre à 4% de Cuivre. C. R. hebd. Séances Acad. Sci. 239, 52 (1954).

43. GUINIER, A.: Dispositive permettant d'obtenir des Diagrammes de Diffraction de Poudres Cristallines très Intenses avec un Rayonnement Monochromatique. C. R. hebd. Séances Acad. Sci. **204**, 1115 (1937).
44. — Structure of Age-Hardened Aluminium-Copper Alloys. Nature (London) **142**, 569 (1938).
45. — Le Mécanisme de la Précipitation dans un Cristal de Solution Solide Métallique. Cas des Systèmes Aluminium-Cuivre et Aluminium-Argent. J. Physique Radium **8**, 124 (1942).
46. — Précipitation dans les Alliages. Physica **15**, 148 (1949).
47. — Interprétation de la Diffusion anomale des Rayons X par les Alliages à Durcissement structural. Acta Crystallogr. **5**, 121 (1952).
48. — Nouvelle Interprétation des Diagrammes à "Side-Bands". Acta Metallurg. **3**, 510 (1955).
49. — Precipitation Phenomena in Supersaturated Solid Solutions. Trans. AIME **206**, 673 (1956).
50. — Théorie et Technique de la Radiocristallographie. Paris: Dunod 1956.
51. — Heterogeneities in Solid Solutions. Solid State Physics **9**, 293 (1959).
52. — et P. JACQUET: Etude du Durcissement des Alliages Cuivre-Glucinium. Rev. Métallurgie **41**, 1 (1944).
53. GUTTMAN, L.: Order-Disorder Phenomena in Metals. Solid State Physics **3**, 146 (1956).
54. HARDY, H. K., and T. J. HEAL: Report on Precipitation. Progress in Metal Physics **5**, 143 (1954).
55. HARGREAVES, M. E.: Modulated Structures in some Copper-Nickel-Iron Alloys. Acta Crystallogr. **4**, 301 (1951).
56. HENES, S., u. V. GEROLD: Die Ausscheidung in Magnesium-Blei- und Magnesium-Zink-Legierungen. Z. Metallkunde. In Vorbereitung.
57. HERBSTEIN, F. H.: and B. L. AVERBACH: Temperature-diffuse Scattering for Powder Patterns from Cubic Crystals. Acta Crystallogr. **8**, 843 (1955).
58. — — The Structure of Lithium-Magnesium Solid Solutions. I. Measurements on the Bragg Reflections. II. Measurements of Diffuse Scattering. Acta Metallurg. **4**, 407, 414 (1956).
59. — B. S. BORIE and B. L. AVERBACH: Local Atomic Displacements in Solid Solutions. Acta Crystalogr. **9**, 466 (1956).
60. HEUMANN, TH., u. S. DITTRICH: Über die Diffusion in Silber-Aluminium-Legierungen. Z. Elektrochem. Ber. Bunsenges. physik. Chem. **61**, 1138 (1957).
61. HIRABAYASHI, M.: Existence of the Superlattice $CuAu_3$. J. Phys. Soc. Japan **6**, 129 (1951).
62. HOSEMANN, R., u. S. N. BAGCHI: Existenzbeweis für eine eindeutige Röntgenstrukturanalyse durch Faltung. I. Entfaltung zentrosymmetrischer endlicher Massenverteilungen. Acta Crystallogr. **5**, 749 (1952).
63. HUANG, K.: X-Ray Reflections from Dilute Solid Solutions. Proc. Roy. Soc. (London), Ser. **A190**, 102 (1947).
64. JACOBSEN, E. H.: Elastic Spectrum of Copper from Temperature-Diffuse Scattering of X-Rays. Physic. Rev. **97**, 654 (1955).
65. JAMES, R. W.: The Optical Principles of the Diffraction of X-Rays. London: Bell and Sons 1950.
65a. JAN, J. P.: Small-Angle X-Ray Scattering from Precipitates in Cold-Worked Al-Ag and Al-Zn. J. appl. Physics **26**, 1291 (1955).
66. JOHANSSON, T.: Über ein neuartiges genau fokussierendes Röntgenspektrometer. Z. Physik **82**, 507 (1933).
67. KRATKY, O.: Neues Verfahren zur Herstellung von blendenstreuungsfreien Röntgen-Kleinwinkelaufnahmen III. Kolloid-Z. **144**, 110 (1955).
68. LAMBOT, H.: Etude Cristallographique de la Précipitation Structurale dans les Duralumins. Rev. Métallurgie **47**, 709 (1950).
69. LAUE, M. VON: Röntgenstrahlinterferenz und Mischkristalle. Ann. Physik **56**, 497 (1918).
70. LUTTS, A., et H. LAMBOT: Etude de la Pré-Précipitation dans les Alliages du Type «Almasilium». Rev. Métallurgie **54**, 775 (1957).

71. MANENC, J.: Etude aux Rayons X de l'Evolution Structurale d'un Alliage Nickel-Chrome, Type 80-20 Modifié. Rev. Métallurgie **54**, 161 (1957).
72. — Précipitation de la Phase Ni_3Al dans un Alliage à 7,8% d'Aluminium. Rev. Métallurgie **54**, 867 (1957).
73. — Diffusion Anormale des Rayons X au Cours de la Décomposition dans un groupe d'Alliages Cuivre-Nickel-Chrome. Acta Metallurg. **6**, 145 (1958).
74. — Contribution à l'Etude de la Précipitation dans un Groupe d'Alliages à Base de Nickel. Acta Metallurg. **7**, 124 (1959).
75. — Sur un Modèle de Pré-Précipitation pourcertains Alliages à Durcissement Structural. C. R. hebd. Séances Acad. Sci. **248**, 1814 (1959).
76. MÜNSTER, A., u. K. SAGEL: Über die röntgenographische Bestimmung der Nahordnung in binären Legierungen. Z. Physik. Chem. **12**, 145 (1957).
77. — — Short Range Order and Thermodynamic Properties of Metallic Solutions. Symposium on Physical Chemistry of Metallic Solutions and Intermetallic Compounds 1958. National Physical Laboratory, Teddington.
78. NABARRO, F. R. N.: The Strains produced by Precipitation in Alloys. Proc. Roy. Soc. (London), Ser. **A175**, 519 (1940).
79. NAGASHIMA, S., and Z. NISHIYAMA: An X-Ray Study on the Mechanism of Precipitation during Aging in Magnesium-Lead Alloys. Memoirs Inst. Scient. Industr. Research, Osaka Univ. XI, 135 (1954).
79a. NEWKIRK, J. B., R. SMOLUCHOWSKI, A. H. GEISLER and D. L. MARTIN: Diffuse Scattering by an Ordering Alloy. Acta Cryst. **4**, 507 (1951).
80. NORMAN, N., and B. E. WARREN: X-Ray Measurement of Short-Range Order in Silver-Gold. J. appl. Physics **22**, 483 (1951).
81. OLMER, PH.: Interactions Photons-Phonons et Diffusion des Rayons X dans l'Aluminium. Bull. Soc. franç. Minéralog. Cristallogr. **71**, 145 (1948).
82. PLUCHERY, M., u. V. GEROLD: Röntgenographische Untersuchung an Magnesium-Blei-Legierungen. Unveröffentlicht.
83. PRESTON, G. D.: The Diffraction of X-Rays by Age-Hardening Aluminium-Copper Alloys. Proc. Roy. Soc. (London), Ser. **A167**, 526 (1938).
84. ROBERTS, B. W.: X-Ray Measurement of Order in CuAu. Acta Metallurg. **2**, 597 (1954).
85. RUDMAN, P. S., and B. L. AVERBACH: X-Ray Measurements of Local Atomic Arrangements in Aluminium-Zinc and in Aluminium-Silver Solid Solutions. Acta Metallurg. **2**, 576 (1954).
86. SCHMALZRIED, H., u. V. GEROLD: Röntgenographische Untersuchungen über die Aushärtung einer Aluminium-Magnesium-Zink-Legierung. Z. Metallkunde **49**, 291 (1958).
87. SILCOCK, J. M., B. J. HEAL and H. K. HARDY: Structural Ageing Characteristic of Binary Aluminium-Copper Alloys. J. Inst. Metals **82**, 239 (1953/54).
88. SUONINEN, E., and B. E. WARREN: X-Ray Measurements of Short Range Order in Beta AgZn. Acta Metallurg. **6**, 172 (1958).
89. TIEDEMA, T. J., J. BOUMAN and W. G. BURGERS: Precipitation in Gold-Platinum Alloys. Acta Metallurg. **5**, 310 (1957).
90. TOMAN, K.: The Structure of Puinier-Preston Zones. II. The Room-Temperature Ageing of the Aluminium-Copper Alloy. Acta Crystallogr. **10**, 187 (1957).
91. — A Note on the Structure of Guinier-Preston Zones in Aluminium-Copper Alloys. Acta Crystallogr. **13**, 60 (1960).
92. WALKER, C. B.: X-Ray Measurements of Order in CuPt. J. appl. Physics **23**, 118 (1952).
93. — and A. GUINIER: An X-Ray Investigation of Age-Hardening in Aluminium-Silver. Acta Metallurg. **1**, 568 (1953).
94. WARREN, B. E.: Temperature Diffuse Scattering for Cubic Powder Patterns. Acta Crystallogr. **6**, 803 (1953).
95. — Monochromatic X-Rays for Single Crystals Diffuse Scattering. J. appl. Physics **25**, 814 (1954).
96. — and B. L. AVERBACH: The Diffuse Scattering of X-Rays. Aus: Modern Research Techniques in Physical Metallurgy. Cleveland (Ohio): American Society for Metals 1953.

97. WARREN, B. E., B. L. AVERSBACH, and B. W. ROBERTS: Atomic Size Effect in the X-Ray Scattering by Alloys. J. appl. Physics **22**, 1493 (1951).
98. WEBB, M. B.: The Structure of Guinier-Preston Zones in Al(Ag) Alloys. Acta Metallurg. **7**, 748 (1959).
99. WILKENS, M., u. K. SCHUBERT: Über einige metallische Ordnungsphasen mit großer Periode. Z. Metallkunde **48**, 550 (1957).

Abgeschlossen am 1. 4. 1960

Dozent Dr. V. GEROLD
Institut für Metallphysik am Max Planck-Institut
für Metallforschung
Stuttgart N, Seestraße 71

L e b e n s l a u f

Ich wurde am 23.8.22 als Sohn des Physikers .phil. Erich Gerold und seiner Ehefrau Hilde- rd, geb. Hommel, in Hermsdorf (Thür.) geboren. Dortmund trat ich nach dem Besuch der Grund- hule in die dortige Oberrealschule ein. Kurz r dem Abitur wurde ich im Januar 1940 Soldat.

Nach Beendigung des Krieges begann ich im rbst 1946 an der Technischen Hochschule in Stuttgart rt mit dem Studium der Physik und legte Anfang 52 meine Diplomprüfung ab. Die Diplomarbeit wie die darauf folgende Doktorarbeit wurden im intgeninstitut der Technischen Hochschule unter r Anleitung von Herrn Professor Dr. R.Glocker sgeführt.

Nach Ablegung des Doktor-Examens im Oktober 953 wurde ich wissenschaftlicher Mitarbeiter am istitut für Metallphysik des Max-Planck-Insti- its für Metallforschung, in dem ich zur Zeit als oteilungsleiter tätig bin. Im Juni 1958 erhielis ch die Venia legendi für das Fach Metallphysik. eben dem Studium der atomistischen Vorgänge in etallegierungen interessieren mich vor allem ie röntgenographischen Methoden zum Nachweis on Gitterfehlern in Kristallen.

Seit dem 2.8.1949 bin ich verheiratet und eit einigen Jahren der Vater zweier Kinder.

tuttgart, den 10. Mai 1961